常见涉案野生动物图鉴

（公安环食药侦民警实用技术手册）

侯森林　费宜玲　刘大伟　编

中国林业出版社
China Forestry Publishing House

图书在版编目（CIP）数据

常见涉案野生动物图鉴：公安环食药侦民警实用技术手册 / 侯森林，费宜玲，刘大伟编. -- 北京：中国林业出版社，2024. 12. -- ISBN 978-7-5219-2992-8

Ⅰ. Q958.52-64

中国国家版本馆CIP数据核字第202429GK86号

策划编辑：张衍辉
责任编辑：张衍辉　葛宝庆
装帧设计：刘临川

出版发行：中国林业出版社
（100009，北京市西城区刘海胡同7号，电话83143521）
网址：www.cfph.net
印刷：北京博海升彩色印刷有限公司
版次：2024年12月第1版
印次：2024年12月第1次
开本：880mm × 1230mm　1/32
印张：8.5
字数：189千字
定价：68.00元

野生动物是重要的环境资源，是自然生态系统的重要组成部分，在维持自然界生态平衡中具有不可替代的作用，保护野生动物资源是全人类共同的责任。执法机关主要通过打击破坏野生动物资源类犯罪达到保护野生动物的目的，是野生动物的重要保护者，熟悉常见涉案野生动物的情况（包括常见涉案野生动物外部形态特征，保护级别以及非法利用形式等）对执法者更好地办理破坏野生动物资源类案件具有重要的意义，是更好处置此类案件的关键。

编者依据多年的工作经验，并查阅相关的案件，汇总了常见涉案野生动物的种类，本图鉴收录了8种常见涉案两栖动物、59种常涉案爬行动物、79种常见涉案鸟类和30种常见涉案兽类。书中所用图片均取自各级公安机关、海关缉私机关、林业和草原局等办案单位委托南京警察学院鉴定中心鉴定的涉案照片。在此，对相关办案单位表示衷心的感谢！在编撰过程中，广西壮族自治区公安厅森林警察总队黄保健和陈润琨以及南京警察学院鉴定中心的薛晓明、蒋敬、周用武、李一琳等提供了意见和照片。此外，基础知识部分中龟甲盾片，蜥蜴头部鳞片，鸟类翼型、尾型、趾型、蹼型、跗跖被鳞、身体各部位的名称、鸟体测量等图片为南京警察学院侦查学2206罗嘉楠同学所绘，在此一并表示感谢！同时，本书在编撰过程中得到了教育部首批专业类虚拟教研室和江苏高校品牌专业建设工程三期的支持。

另外，本书将处置野生动物案件相关的法律、野生动物价值核定文件等办案常用参考资料作为第三部分内容，方便读者查阅。本图鉴可作为刑事科学技术及食品药品环境犯罪侦查技术等专业学生的辅助学习资料，也可作为环境资源类案件执法者的参考资料。

限于编者学识和水平，不当之处在所难免，敬请各位专家、读者批评指正。

编者

2024年7月

前言

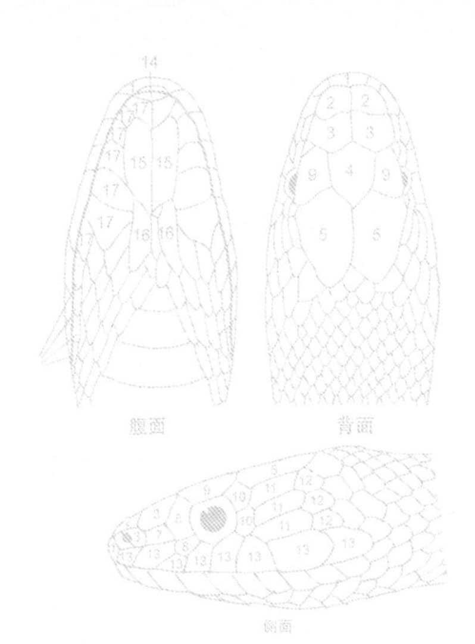

第一部分

基础知识

01 两栖纲动物主要识别特征的常用名词

触突：着生在头侧鼻眼之间的1对可伸缩的、具有一定嗅觉和触觉功能的小突起。

环褶及环沟：完全或部分环绕于身体（包括尾）的许多皮肤皱褶。其凸出部分常称作环褶，凹陷部分即环褶之间的凹沟称为环沟。

唇褶：颌缘皮肤肌肉组织的帘状褶。通常在上唇侧缘后半部，掩盖着对应的下唇缘，如山溪鲵、北鲵等属。

颈褶：存在于颈部两侧及其腹面的皮肤皱褶，通常作为头部与躯干部的分界线。

肋沟：位于躯干部两侧的两肋骨之间形成的体表凹沟。

角质鞘：一般指四肢掌、跖及指、趾底面皮肤的角质化表层，呈棕黑色，如山溪鲵。

颞褶：自眼后经颞部背侧达肩部的皮肤增厚所形成的隆起。

背侧褶：在背部两侧，一般起自眼后伸达胯部的一对纵向走行的皮肤腺隆起。

跗褶：在后肢跗部背、腹交界处的纵走皮肤腺隆起，称为跗褶；内侧者为内跗褶，外侧者为外跗褶。

肤褶或肤棱：皮肤表面略微增厚而形成分散的细褶。

尾鳍褶：位于靠近体后端或尾后部背面的鳍状皮肤褶。一般见于鳃裂封闭之前的幼体，其随着变态的完成而消失。

肛腺：位于雄性成体肛孔两侧的一对小腺体。

耳后腺：位于眼后至枕部两侧由皮肤增厚形成明显的腺体。其大小和形态因种而异。

瘰粒：皮肤上排列不规则、分散或密集而表面较粗糙的大隆起，如蟾蜍属。

疣粒及痣粒：较之瘰粒要小的光滑隆起称为疣粒；较疣粒更小的隆起则称为痣粒，有的呈小刺状，二者的区别是相对的。

角质刺：是皮肤局部角质化的衍生物，呈刺或锥状，多为黑褐色；其大小、强弱、疏密和着生的部位因种而异。

婚垫与婚刺：雄体第一指基部内侧的局部隆起称为婚垫，少数种类的第二、三指内侧亦存在。婚垫上着生的角质刺称为婚刺。

吻及吻棱：自眼前角至上颌前端称为吻或吻部；吻背面两侧的线状棱称为吻棱。吻部的形状及吻棱的明显与否，因属、种的不同而异。

颊部：鼻眼之间的吻棱下方至上颌上方部位。其垂直或倾斜程度因属、种不同而异。

声囊：大多数种类的雄性在咽喉部由咽部皮肤或肌肉扩展形成的囊状突起，称为声囊。从外表能观察到者为外声囊，反之即为内声囊。

02 爬行纲动物主要识别特征的常用名词

（一）龟鳖目分类术语

1. 背甲

椎盾：背甲正中的一列盾片，多为5枚。

颈盾：椎盾前方，左右缘盾间的一枚盾片。

肋盾：椎盾两侧的两列宽大盾片。

缘盾：背甲边缘的两列盾片。

臀盾：背甲正后方最后两枚或一枚盾片。

椎板：背甲中央的一列骨板叫椎板，一般为8块。

颈板：位于椎板前方的单枚大骨板。

臀板：椎板后方的几枚骨板。

肋板：椎板两侧的骨板称肋板，一般为8对。

缘板：位于肋板外侧的两列骨板称为缘板。鳖科无缘板。海产龟类肋板与缘板之间的空隙叫肋缘窗。

脊棱：背甲椎盾中线上的纵向凸起，有的不连贯。

侧棱：背甲两侧肋盾中部的纵向凸起，有的不显著。

上缘盾：位于背甲肋盾与缘盾之间的几枚盾片，如大鳄龟。

2. 腹甲

喉盾：腹甲最前端的一对盾片。

间喉盾：部分龟类两枚喉盾之间或之后的单枚盾片。

肱盾：腹甲前端的第二对盾片。

腋盾：位于龟前肢后方腋部的小盾片，因种类不同有或没有。

胸盾：位于胸部，肱骨后方的一对盾片。

腹盾：位于盾甲中部的一对盾片。

股盾：腹盾后方的一对盾片。

胯盾：位于龟后肢前方胯部的小盾片，因种类不同有或没有。

肛盾：腹甲最后端的一对盾片。

下缘盾：腹甲的胸盾和腹盾与背甲的缘盾之间的一些小盾片。

盾缝：相邻盾片结合处的缝隙，其间无软组织。

肛盾缝：肛盾单枚，其中线上不完全的缝或纹。

韧带：背、腹甲之间及腹甲盾片间起连接作用、不可活动的软组织。

枢纽：背甲盾片间或腹甲盾片间可活动的软组织。

喉盾沟：左右喉盾之间的沟。

喉肱沟：喉盾与肱盾之间的沟。

（二）有鳞目蜥蜴亚目的分类术语

1. 鳞片类型

方鳞：身体腹面近于方形的大鳞。

圆鳞：身体腹面近于圆形的大鳞。

粒鳞：鳞片小而圆，呈平铺排列。

疣鳞：分布于粒鳞间的粗大疣状鳞片。

棱鳞：上具突起纵棱的鳞片。

锥鳞：鳞片耸立呈锥状。

棘：鳞片延长耸立呈刺棘状。

鬣鳞：位于颈背中央，呈一纵行竖立侧扁的鳞片。

板鳞：雄性者肛前或腹部中央一团较大而颜色略异的鳞片。

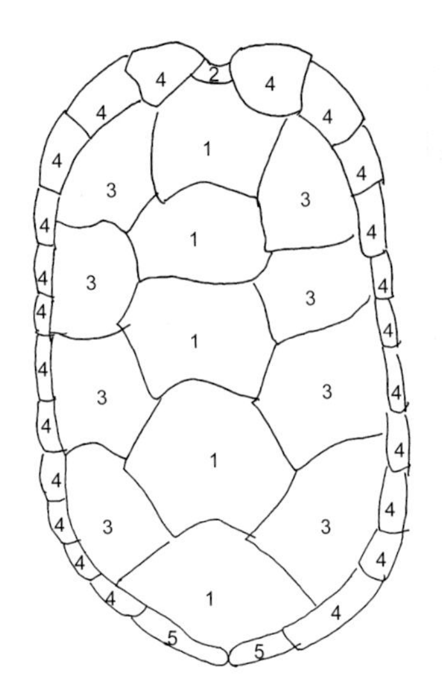

背甲

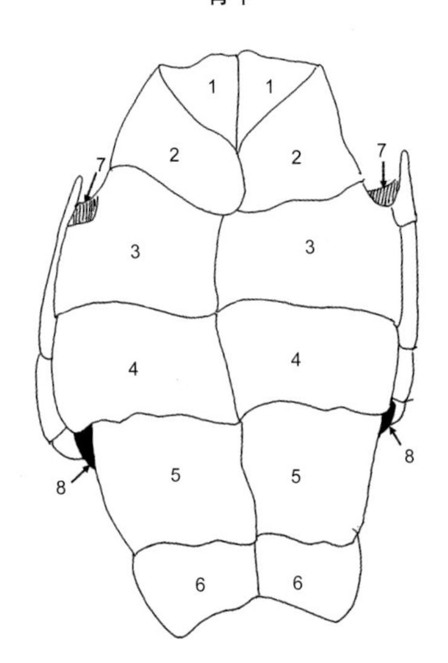

腹甲

龟甲的盾片

背甲： 1.椎盾；2.颈盾；3.肋盾；4.缘盾；5.臀盾

腹甲： 1.喉盾；2.肱盾；3.胸盾；4.腹盾；5.股盾；6.肛盾；7.腋盾； 8 .胯盾

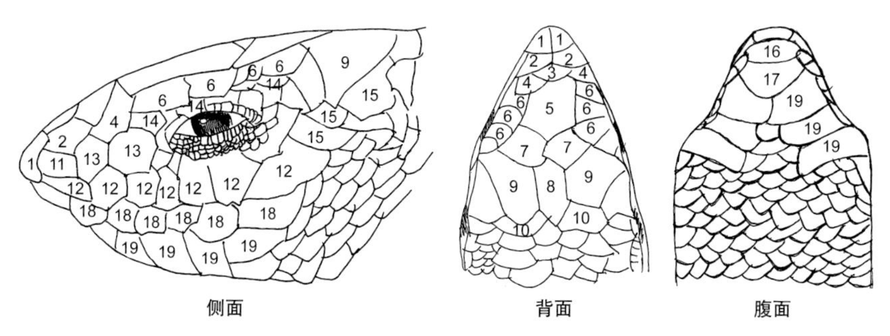

蜥蜴类头部鳞片

1. 吻鳞；2. 上鼻鳞；3. 额鼻鳞；4. 前额鳞；5. 额鳞；6. 眶上鳞；7. 额顶鳞；8. 顶间鳞；9. 顶鳞；10. 颈鳞；11. 鼻鳞；12. 上唇鳞；13. 颊鳞；14. 上睫鳞；15. 颞鳞；16. 颏鳞；17. 后颏鳞；18. 下唇鳞；19. 颏片

2. 头背鳞片

吻鳞：吻端中央的单片大鳞。

上鼻鳞：紧接吻鳞后方，左右鼻鳞之间的成对鳞片。

额鼻鳞：吻鳞正后方的单枚鳞片，少数种类成对存在。

前额鳞：额鼻鳞后方的一对大鳞，彼此相接或分离，或多于一对，或为单枚。

额鳞：两眼之间的单枚大鳞，位于额鼻鳞的正后方。

额顶鳞：位于额鳞后方的成对大鳞片。

顶鳞：额顶鳞之后的一对大鳞片。

顶间鳞：额顶鳞与顶鳞之间的一枚大鳞片，如有顶眼，则位于此鳞上。

颈鳞：顶鳞后方一至数对宽大的鳞片，较背鳞为大。

3. 头侧鳞片

鼻鳞：鼻孔周围的鳞片，由数枚与鼻孔相切的鳞片组成。

后鼻鳞：鼻鳞后方的小鳞片。常不存在。

颊鳞：鼻鳞或后鼻鳞之后的鳞片。

眶上鳞：位于额鳞与额顶鳞两侧的对称大鳞片，位于眼眶上方。

上睫鳞：眶上鳞外缘的一排小鳞。

颞鳞：位于眶后颞区，在顶鳞和上唇鳞之间的鳞片。若前后排列，相应的称为前颞鳞与后颞鳞。

上唇鳞：吻鳞后方，沿上颌唇缘的多枚鳞片。

4. 头腹面鳞片

颏鳞：下颌前端正中的一枚大鳞片。

后颏鳞：位于颏鳞正后方，不成左右对称的鳞片。

下唇鳞：位于颏鳞之后，沿下颌唇缘的鳞片。

颏片：颏鳞或后颏鳞后方左右对称排列的大鳞片，位于下唇鳞内侧。

5. 其他特征

睑窗：下眼睑中央的无鳞透明区。

耳孔瓣突：耳孔边缘鳞片突出而形成的叶状物。

喉囊：咽喉皮肤突出而形成的囊状结构。

颈侧囊：颈侧皮肤突起而形成的囊状结构。

喉褶：喉部横行的皮肤褶。

领围：喉部横行的皮肤褶，褶缘被一排凸出的大鳞片。

肩褶：在肩前所形成的皮肤褶。

翼膜：体侧前后肢间由特别延伸的肋骨支持的皮膜结构。

肛前窝：在肛前部鳞片上呈横排的小窝。

鼠蹊窝：在鼠蹊部一些鳞片上的小窝。

股窝：在股部腹面部分鳞片上的小窝。

指、趾扩张：指、趾缘横向延伸。

指、趾下瓣：在指、趾腹面排列成单行或双行的皮肤褶皱。

栉状缘：指、趾侧缘的鳞片突出而形成的锯齿状结构。

（三）有鳞目蛇亚目的分类术语

1. 头背鳞片

吻鳞：位于吻端正中的一枚鳞片，其下缘多具缺凹。

鼻间鳞：介于左右两枚眶上鳞之间的鳞片，通常为一对。

前额鳞：位于鼻鳞或鼻间鳞之后，通常为一对。

额鳞：介于左右两枚眶上鳞之间的单枚鳞片，略呈龟甲形。

顶鳞：位于额鳞与眶上鳞之后的成对鳞片。如两对，则四鳞之间具顶间鳞。

枕鳞：顶鳞正后方的一对大鳞片。仅眼镜王蛇具有。

2. 头侧鳞片

鼻鳞：鼻孔开口于其上的鳞片，一般位于吻两侧。

鼻间鳞：左右鼻鳞之间的一枚鳞片。

颊鳞：介于鼻鳞与眶前鳞之间的较小鳞片，通常为一枚。

眶前鳞：位于眼眶前缘的一枚至数枚鳞片。

眶上鳞：位于眼眶上缘的鳞片。

眶后鳞：位于眼眶后缘的一枚至数枚鳞片。

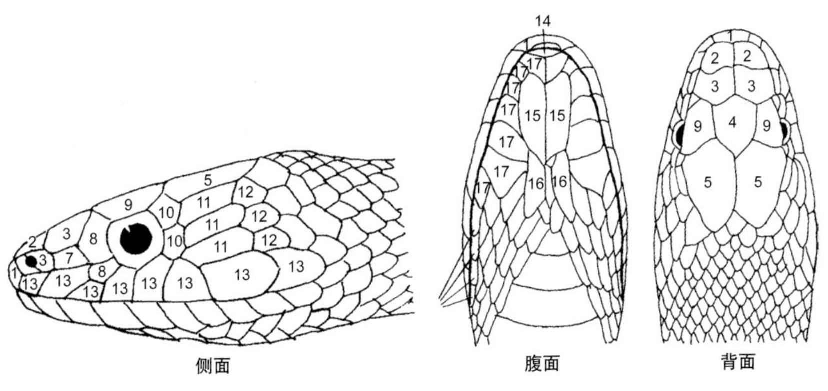

蛇类头部鳞片

1. 吻鳞；2. 鼻间鳞；3. 前额鳞；4. 额鳞；5. 顶鳞；6. 鼻鳞；7. 颊鳞；8. 眶前鳞；9. 眶上鳞；10. 眶后鳞；11. 前颞鳞；12. 后颞鳞；13. 上唇鳞；14. 颏鳞；15. 前颏片；16. 后颏片；17. 下唇鳞

眶下鳞：位于眼眶下方，多数种类无。

颞鳞：眼眶之后，介于顶鳞与上唇鳞之间，一般可分为前后两列。

上唇鳞：吻鳞之后，上颌两侧唇缘的鳞片都称为上唇鳞。

3. 头腹侧鳞片

颏鳞：下颌前缘正中的一枚鳞片，略呈三角形。其位置与吻鳞相对应。

颏颌片：位于颏鳞及中央下唇鳞之后，左右下唇鳞之间的成对窄长鳞片。一般有两对，依前后位置称前颏片和后颏片。

下唇鳞：位于颏鳞之后，下颌两侧唇缘的鳞片都叫下唇鳞。

4. 躯干部鳞片

腹鳞：躯干腹面正中，位于肛鳞之前的一行较宽大鳞片，统称腹鳞。

肛鳞：仅覆于肛孔之外的鳞片，一片或纵分为两片。

背鳞：被覆于躯干部的鳞片，除腹鳞和肛鳞外，统称背鳞。背鳞排列前后呈纵行，可以计算行数。

5. 尾部鳞片

尾下鳞：尾部腹面的鳞片，双行或单行。

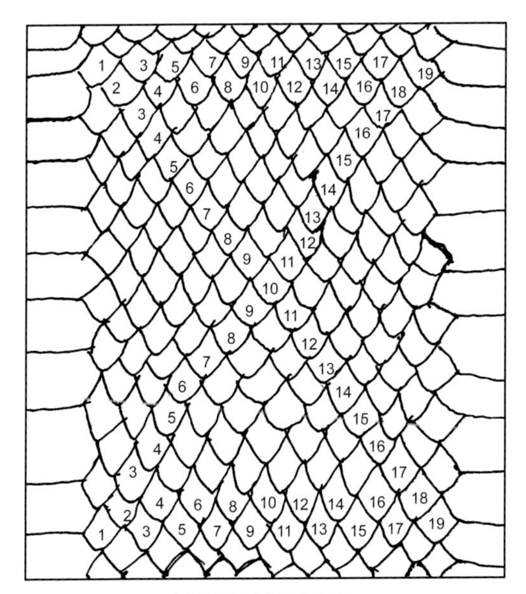

蛇背鳞的计数方法

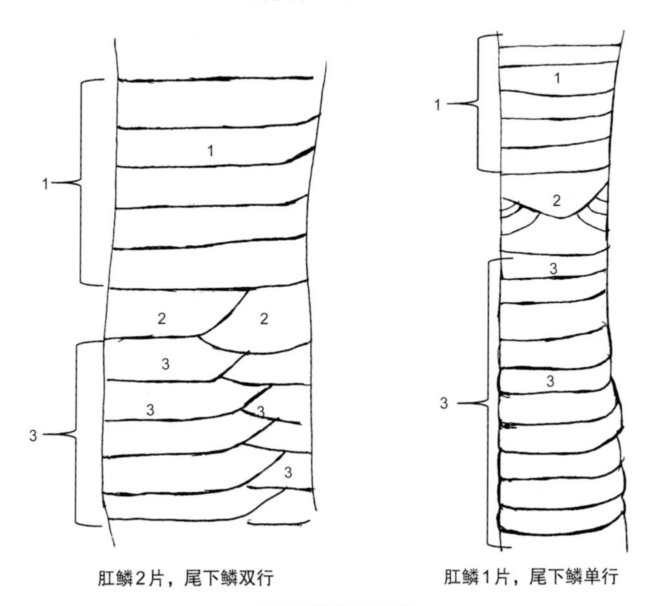

肛鳞2片，尾下鳞双行　　肛鳞1片，尾下鳞单行

蛇的肛鳞及尾下鳞

1.腹鳞；2.肛鳞；3.尾下鳞

03 鸟纲动物主要识别特征的常用名词

（一）鸟体的外部结构

鸟体外部结构一般可分为头、颈、躯干、嘴、翼或翅、尾、脚和腿共七部分。

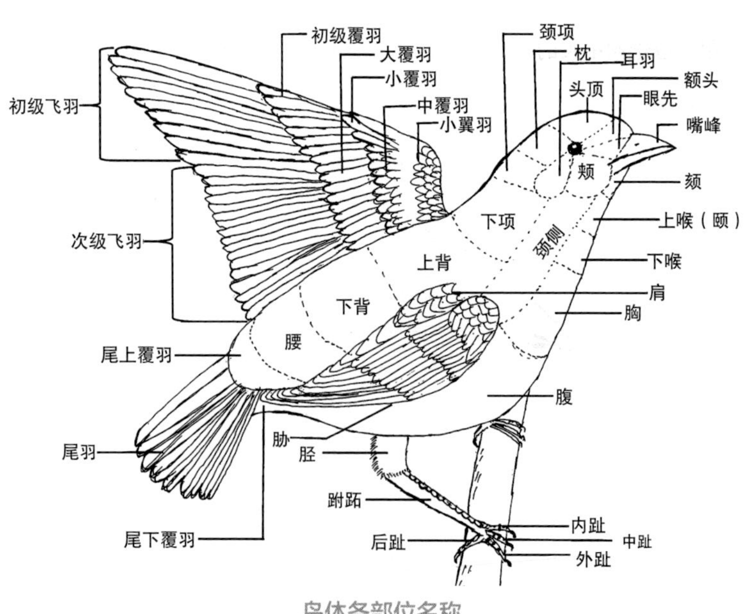

鸟体各部位名称

1. 头部

鸟类的头部可分为上面、侧面和下面三部分。

（1）上面

额：头的最前部，前接上嘴基部。

顶：也称头顶，位于额后，为头的正中央。

枕（后头）：紧接顶部之后，为头的最后部。

中央冠纹：纵贯头顶中央的纵纹。

侧冠纹：头顶两侧的纵纹。

羽冠（冠羽）：头上特别延长或耸起的羽毛，如红腹锦鸡、鸳鸯、罗纹鸭、孔雀、池鹭等。有时可进一步分为顶冠（头顶的长羽毛）和枕冠（枕部的长羽毛）。

耳突：头顶两侧突出呈丛状的羽毛，似猫耳状，但并不是覆盖耳孔的羽毛，如长耳鸮、雕鸮等鸮形目鸟类。

肉冠：头顶上的肉质突出物，如原鸡、家鸡。

盔突：额顶部的角质突出物，呈帽状，如双角犀鸟、食火鸡。

角突：头上左右成对的犄角状突出物，如角雉属雄性。

额甲：位于额中央的肉质裸出部，如白骨顶、黑水鸡、董鸡。

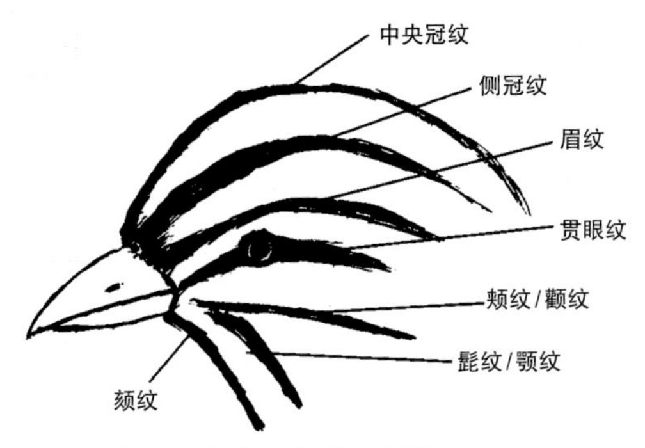

鸟类头部各种斑纹示意图

（2）侧面

眼先：位于眼前，嘴角上方。有些种类眼先裸出无羽。

围眼：眼的周围。有些种类围眼裸出无羽，如双角犀鸟、斑嘴鹈鹕。

眼圈：眼周由小羽毛形成特殊颜色的环，如绣眼鸟科。

颊：头侧面的眼下部分，下接喉部。

耳羽：覆盖在耳孔上的羽毛，位于眼后。有的耳羽成簇状向枕后延伸并突出于后颈，特称耳羽簇，如马鸡属。

眉纹：眼上方的斑纹，如斑嘴鸭、白眉鸭。

贯眼纹（穿眼纹）：为起自眼先，贯眼而达眼后的纵纹，如红尾伯劳、黑枕黄鹂。

颊纹或颧纹：自前向后贯颊的纵纹，如鹧鸪。

颚纹或髭纹：从下嘴基向后延伸，介于颊和喉之间，如燕隼、绿啄木鸟。

面盘：鸮类两眼向前，眼周围羽毛放射状排列呈人面状，称为面盘，如草鸮、长耳鸮。

（3）下面

颏：紧接下嘴基部，其前尖称为颏角。

颏纹：贯于颏中央的纵纹。

肉垂：着生于喉部的肉质突起。有的左右成对，如原鸡、家鸡；有的为单片，位于喉正中，称为喉垂或肉裙，如角雉属（繁殖季节的雄性）。有的鸟头侧也有肉质突起，也被称为肉垂，如肉垂麦鸡、鹩哥。

2. 颈部

鸟类的颈部长，转动极为方便灵活，可分为上面、侧面和下面三部分。

（1）上面（背面）

上颈：也称颈项、项，后颈的前（上）部，前接枕部。

下颈：后颈的后（下）部，后接背部。

翎领：着生于颈侧（或含后颈）的长羽似领，如鸳鸯、秃鹫。长羽仅着生于后颈而展成扇形者称为披肩，如锦鸡属雄鸟。鸮类面盘周围密集的小羽亦称翎领。

颈冠（项冠）：着生于项部的长羽，通常前接头部的羽冠，如中华秋沙鸭、鸳鸯、罗纹鸭。

（2）侧面

颈侧：颈部两侧。

（3）下面

喉部：位于颏后。

前颈：颈的前部，前（上）接喉部。颈短的种类，前颈不明显。

喉囊：喉部可伸缩的皮肤囊，前伸至颏，如斑嘴鹈鹕。

3. 躯干

鸟类躯干可分为背、肩、腰、胸和腹五部分。

（1）上面

背：占据两翼之间的前部。可分为上背与下背，前者前接下颈，后者后接腰部。

肩：位于背部两侧，即两翼的基部。此部羽毛呈覆瓦状排列，称为肩羽。

腰：躯干上面的最后部，前接下背，后接尾上覆羽。

上体：头、颈及躯干等部位的上面，统称为上体。下面统称为下体。

（2）侧面

胸侧：胸部的两侧。

胁（体侧）：位于腰的两侧，被收拢的翼覆盖着。

（3）下面

胸：为躯干下面的前部，前接前颈（颈长者）或喉部（颈短者），后接腹部。分为前胸（上胸）和后胸（下胸）。

腹：前接胸部，后止于肛孔。

围肛羽：肛孔周围的羽毛，如大斑啄木鸟围肛羽呈红色。

4. 嘴

嘴尖弯向上的称翘曲，如反嘴鹬。嘴尖弯向下的称拱曲，如白腰杓鹬。靠近嘴端的部位称为临端。

上嘴：又称上喙，为嘴的上半部，其基部与额相接。

下嘴：又称下喙，为嘴的下半部，其基部与颏相接。

嘴端：嘴的前端。

嘴角：为上下嘴基部相接之处。

嘴裂：嘴张开时，上下嘴缘所形成的角度，有时也指嘴角而言。

嘴峰：上嘴的顶脊。

嘴底：下嘴的底缘。

啮缘（嘴缘）：上下嘴的咬合边缘。

隆端：嘴端光滑坚硬的隆起，如灰头麦鸡、水雉。

嘴甲：嘴端的盾甲状物，雁鸭类均有之。鹈鹕上嘴端也称为嘴甲。

栉状突：又称角质齿棱，位于鸭科鸟类上下齿缘。

齿突：上嘴临端左右成对的尖突，如隼科鸟类。

缺刻：许多雀形目鸟类的上嘴临端有左右成对的小缺刻，如鸫科鸟类。某些鸟类上下嘴都有缺刻，如咬鹃、卷尾。

蜡膜：上嘴基被覆膜状物，鼻孔即开在此膜上，如燕隼、长尾林鸮、绯胸鹦鹉、山斑鸠。也有人把山斑鸠嘴基的膨起物称为软膜，区别于隼形目、鸮形目、鹦形目的蜡膜。

鼻孔：亦称外鼻孔，位于上嘴基的两侧。

鼻沟：从鼻孔引出的纵沟，位于上嘴两侧，如池鹭、白鹮。有些种类无鼻沟，如鸡形目、雀形目的鸟类。

鼻脊：位于鼻沟上缘的纵纹。嘴峰两侧各一条，如大斑啄木鸟、绿啄木鸟。

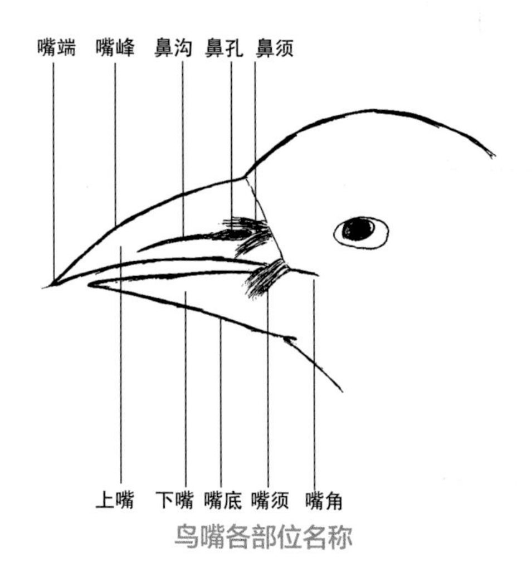

鸟嘴各部位名称

鼻管：上嘴基部的管状物，鼻孔开口于管的先端，为鹱形目鸟类所特有，如海燕。另外，夜鹰柔软的鼻孔也略呈管状。

嘴须（口须）：大多着生在嘴角上方，排成一列，如寿带鸟、红尾伯劳。少数种类，如红头咬鹃的嘴须着生在下嘴的基部。

副须：除嘴须以外的须均称副须。可分为鼻须（着生于额基部而悬置于鼻孔上）、颏须（着生于颏部）、羽须（着生于眼先或别处的羽毛呈须状）。鼻须与颏须见于大斑啄木鸟、红头咬鹃以及雀形目的多数鸟类。羽须在隼形目、雀形目常见。

5. 翼（翅）

（1）飞羽

飞羽是构成飞翔器官的主要部分，有初级飞羽、次级飞羽和三级飞羽之分。

初级飞羽：此列飞羽最长，通常为9～11枚，着生于掌骨及第二、第三指

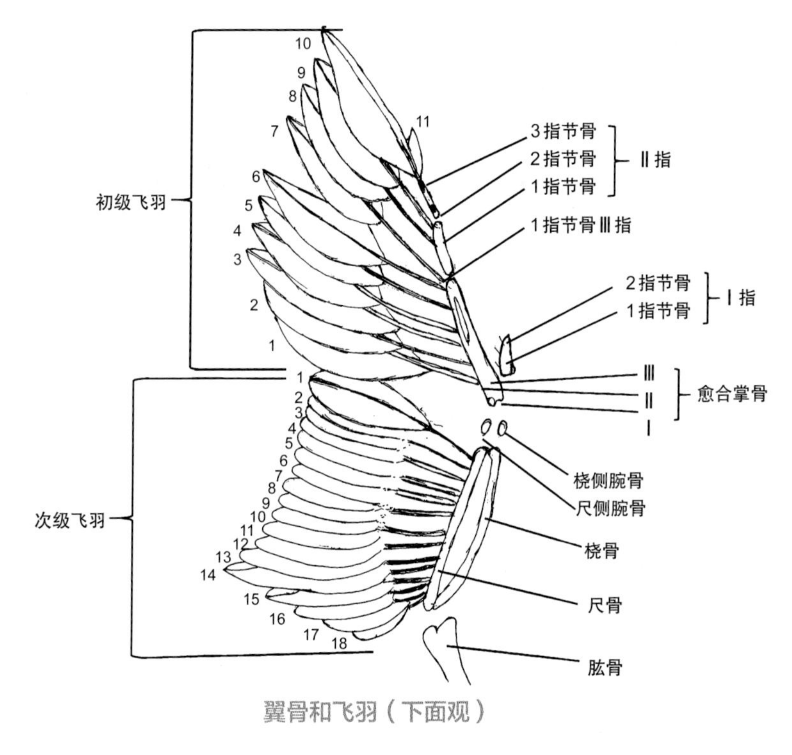

翼骨和飞羽（下面观）

骨。着生在翼外侧的称为外侧初级飞羽；着生在翼内侧的称为内侧初级飞羽。其计数顺序，我国学者通常由外向内数起，国外有些学者由内向外数起（这与换羽顺序一致）。有些鸟类外侧第一枚初级飞羽甚小，小于初级覆羽，称为退化飞羽，尖翼和方翼的鸟类多有之。有些种类外侧初级飞羽的内外翈有切刻（或称缺刻），如鹰科鸟类。

次级飞羽：形稍短，位于初级飞羽内侧，着生于尺骨。

三级飞羽：即次级飞羽的最内侧部分，着生于尺骨上。鹡鸰、百灵、鹤类、螺纹鸭雄性等三级飞羽比较发达。

（2）覆羽

覆羽覆于飞羽的基部，翼的上下两面均有，在上面的称为翼上覆羽，在下面的称为翼下覆羽。翼上覆羽依其排列次序又可分为初级覆羽和次级覆羽。

初级覆羽：覆于初级飞羽基部。

次级覆羽：或称内侧覆羽，覆于次级飞羽基部。可分为以下3种。

①大覆羽：为覆于次级飞羽基部的一列大羽毛，展翼时位于初级覆羽内侧。

②中覆羽：介于大覆羽和小覆羽之间的1～2列中等大小的覆羽。

③小覆羽：中覆羽前缘至翼角的数列成鳞片状排列的小羽毛，位于翼的最前部。以白胸翡翠为例：初级覆羽翠蓝色，大覆羽蓝绿色，中覆羽黑色，小覆羽棕色。

（3）小翼羽

小翼羽通常4枚，由小到大依次排列，位于初级覆羽前外侧（近翼缘处），着生于第一指骨上，有助于转弯飞翔。

（4）翼角

翼角为翼收拢时的前角，即前肢的腕关节。

（5）翼缘

翼缘为翼的前外缘，从翼角到初级飞羽基部。

（6）翼镜

翼镜为翼上具有特殊色彩的块状斑，在鸭类由次级飞羽的外翈所构成（不含三级飞羽），如绿头鸭。

（7）翼斑

翼斑为翼覆羽上的1～2道横带斑，由大覆羽（或和中覆羽）的端斑组成，如黄腰柳莺。

（8）翼端

翼端即翼的末端，由初级飞羽构成，依其形状不同可分为下列3种翼型。

①圆翼：通常第三、四枚初级飞羽最长，甚至第五、六枚最长，因而形成圆形的翼端，如喜鹊、画眉科鸟类。

②尖翼：最外侧第一枚或第二枚初级飞羽（退化飞羽不计入）最长，向内依次变短，形成尖形的翼端，如家燕、鲣鸟、鸥类。

③方翼：最外一枚初级飞羽（退化飞羽不计入）与内侧数枚几乎等长，形成方形翼端，如八哥、池鹭。

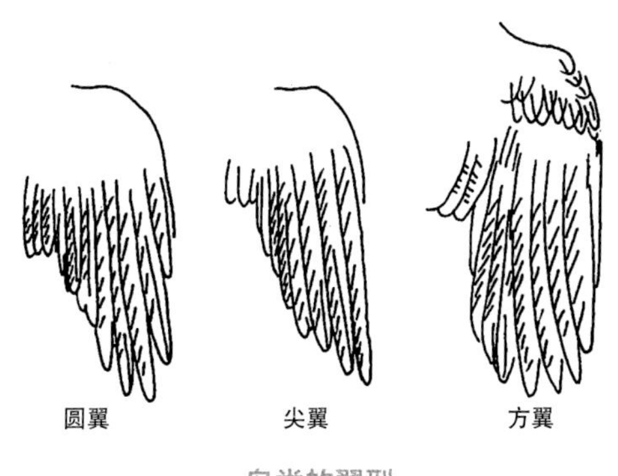

鸟类的翼型

（9）腋羽

腋羽着生于翼的肘关节前缘翼膜的下方，与翼基上方的肩羽相对。有的种类如鸭类，腋羽长直成束，收翼时夹在腋下而不外露，而有的种类如雀形目鸟类，腋羽柔软而短，呈弧形弯曲，收翼时贴在翼缘内侧，外观可见。两性羽色不同的种类，其腋羽或为两性同色（如黑嘴松鸡），或为两性异色（如角雉属）。

（10）飞羽式

初级飞羽羽端之间的相对长度可用数学式表达（不计退化飞羽）。如飞羽式2=9/10，意为初级飞羽第二枚的长度介于第九枚、第十枚之间，而不是等于第十枚。

（11）第四枚、第五枚次级飞羽间断排列与正常排列

某些鸟类次级飞羽第四枚之后留有较大的空隙，犹如缺失一枚飞羽，而与之相对应的大覆羽却存在，这称为第四枚、第五枚次级飞羽间断排列。从发生上看，这是由于飞羽与覆羽在发生上排列不同所致，而不是脱落了一枚飞羽，如隼形目等大多数的目。

与此相反，第四枚、第五枚次级飞羽间无较大空隙，称为第四枚、第五枚次级飞羽正常排列，如鸡形目、鹃形目、咬鹃目、佛法僧目、鸳形目、雀形目。

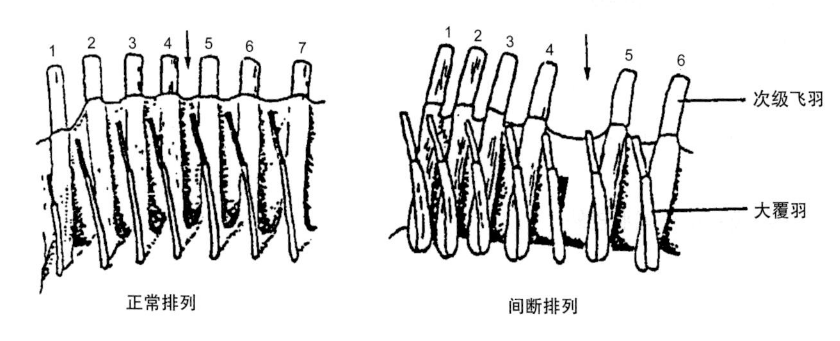

第四、五枚次级飞羽的排列方式（背面观）

6. 尾

（1）尾羽（称舵羽）

尾羽左右成对着生，故尾羽均为偶数（8～26枚），大多数鸟类为12枚。其计数顺序是从中央到外侧，即中央尾羽为第一对，这与大多数种类的换羽顺序一致。

中央尾羽：位居尾中央，覆于其余尾羽上方。

外侧尾羽：位于中央尾羽的两侧，其最外侧一对称为最外侧尾羽。

（2）尾部覆羽

尾部覆羽覆于尾羽的基部。

尾上覆羽：覆于尾背面，前接腰部。

尾下覆羽：位于下体肛孔两侧。

尾侧覆羽：位于尾基的两侧，如雄性罗纹鸭。

（3）尾形

尾形指尾展开后的形状，鸟类的尾形可分为3类8种。

第1类：外侧尾羽和中央尾羽近等长，尾端平齐，仅1种，称为平尾或方尾，如池鹭、灰头麦鸡。

第2类：中央尾羽较外侧尾羽为长。依其长短相差的程度，可分为下列4种。

①圆尾：从中央到最外侧长短相差不显著，尾端近圆形，如罗纹鸭。

②凸尾：长短相差较显著，尾端显著突出，呈凸形，如大杜鹃、喜鹊。

③楔尾：长短相差较显著，尾端呈楔形（单枚尾羽端亦呈楔形），如黑枕绿啄木鸟、褐鲣鸟。

以上尾形中央尾羽与相邻尾羽之级差不甚显著。

④尖尾：中央两枚尾羽特别延长，且相邻尾羽级差甚显著，如蓝喉蜂虎、毛腿沙鸡。

第3类：中央尾羽较外侧尾羽短。亦依其长短相差的程度可分为下列3种。

①凹尾：从中央到最外侧相差甚小，尾端稍凹，如树鹨、黑鸢。

②叉尾：长短相差较显著，凹形较深呈叉状，如灰卷尾、燕鸻。

③铗尾：长短相差极为显著，最外侧一对尾羽甚狭长，如金腰燕、家燕、燕鸥。

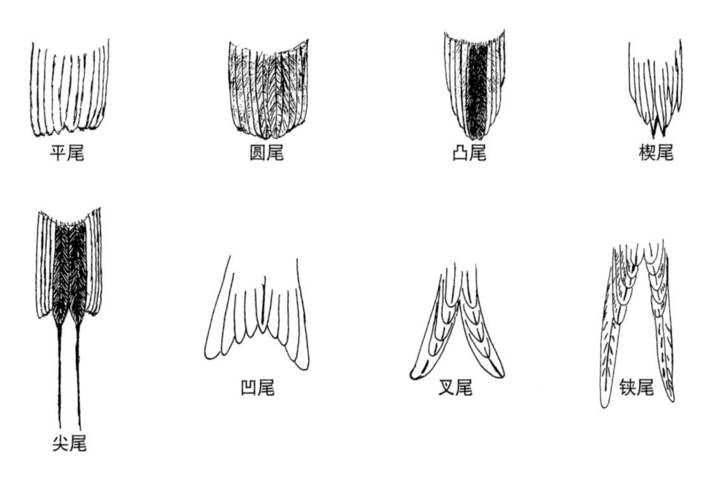

鸟类的尾形

（4）尾脂腺

尾脂腺被翎：尾脂腺乳突上有一撮短羽丛，如雁形目、啄木鸟目等。

尾脂腺裸出：尾脂腺乳突上无羽丛，如鹗形目、雀形目等。

7. 脚和腿

（1）股或大腿

股（大腿）指后肢的最上部，被体羽掩盖，外观上看不见。

（2）胫或小腿

胫（小腿）在股之下、跗跖之上，全部被羽或下部裸出（被鳞）。

（3）跗跖部

跗跖部在胫之下、趾之上，常被误认为小腿。大多数种类被鳞，少数种类被羽，个别种类似无鳞（如翠鸟）。跗跖后缘多具网鳞，雀形目常具两整片纵鳞，少数种类具盾鳞（如鹂科、百灵科）。跗跖部鳞片类型有以下几种。

①盾鳞：鳞片呈方形，纵向排列，如池鹭、雉鸡、伯劳。

②网鳞：鳞片呈六角形或近圆形，交错排列，似网眼，如鹈鹕、白鹳、大鸨。

③靴鳞：基本上属于盾鳞，但鳞片间界限不清因而互相连成一整片，似靴筒状（下端仍呈现盾鳞状），如鸫科鸟类。

（4）距

距为跗跖后缘固着不动的犄角状突起，1～2枚或更多，通常为雄性雉类所特有，如马鸡属、雉鸡。有的雌性也有距，如白鹇。

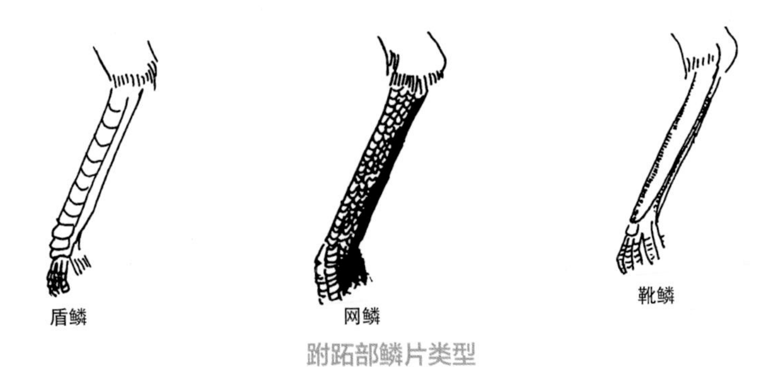

跗跖部鳞片类型

（5）趾

鸟类通常有4趾，后趾或称大趾为第一趾，其趾骨只有1节（不计爪节，以下同）；内趾为第二趾，由2节趾骨构成；中趾为第三趾，由3节趾骨构成；外趾为第四趾，由4节趾骨构成（夜鹰类外趾仅3节）。

按趾的组合情况，足型分为下列几种。

①常态足：也称不等趾足或离趾足，第一趾向后，向前3趾互相分离，为最常见的一种，如雉鸡类。

②对趾足：第二、三趾向前，第一、四趾向后，如灰头绿啄木鸟、大杜鹃、绯胸鹦鹉。

③异趾足：第三、四趾向前，第一、二趾向后，如红头咬鹃。

④并趾足：第一趾向后，其余三趾向前，但向前的趾基尤其是第三、四趾的基部互相并着，如双角犀鸟、冠鱼狗、普通翠鸟。有的则是向前3趾的基部以微蹼相连，如夜鹰。

⑤前趾足：4个趾全向前，有的第一趾可逆转向后，如白喉针尾雨燕、楼燕。

（6）蹼

大多数水禽及涉禽具蹼，可分为以下几种。

①全蹼：第一至四趾，趾间均有蹼相连着，如鹈鹕、鸬鹚。

②满蹼：前3趾间具有满平的蹼，后趾游离，如鸭类、红喉潜鸟、红嘴鸥、普通燕鸥。

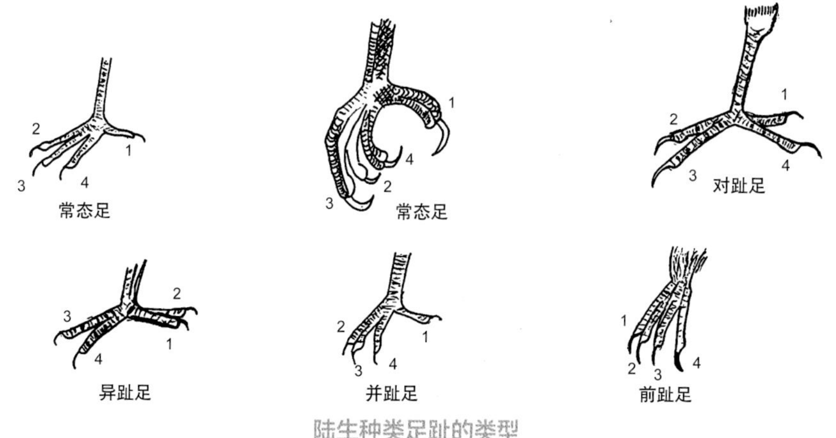

陆生种类足趾的类型

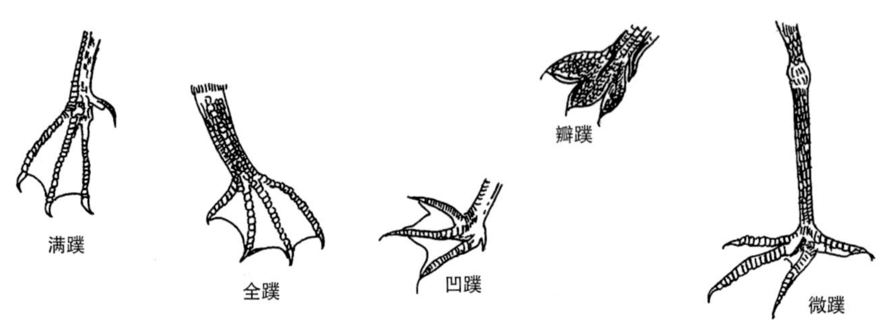

鸟类的各种蹼形

③凹蹼：前3趾间蹼膜较小，中部显著凹入，蹼的凹缘与外趾第二节末端齐平，如浮鸥属种类。

④微蹼或半蹼：前趾间仅于基部连蹼，蹼的凹缘仅及外趾基节末端（中趾外侧蹼比内侧蹼发达），如白鹳、丹顶鹤、池鹭。

⑤瓣蹼：趾的两侧附有瓣状蹼，如凤头鸊鷉、白骨顶。

（7）爪

爪着生于趾末端，有些鸟类有爪栉（中爪内侧梳齿状突出物，如草鹭、鸬鹚、夜鹰）。爪栉多见于游禽、涉禽，攀禽和猛禽很少（夜鹰、草鸮有之），鸣禽仅河乌微现，陆禽未见。燕鸻和红脚鲣鸟仅成鸟有爪栉。

（二）鸟体的量度

通常用于鸟类鉴定上的量度有以下几项。

①全长（体长）：使鸟体自然仰卧，自嘴端至尾端的长度（是剥制前的量度）。

②嘴峰长：自嘴峰基部生羽处（有时深入额羽区数毫米）至上喙先端的直线距离（有蜡膜的种类从蜡膜前缘量起）。

③翼长或翅长：自翼角（腕关节）至最长飞羽末端的直线距离。

④尾长：自尾羽基部至最长尾羽末端的直线距离。

⑤跗跖长：胫跗关节后面的凹处至跗跖最下端之整片鳞的下缘，或量至中趾基的关节处。

⑥嘴裂长：从嘴尖到嘴角（上下嘴的交汇处）的直线距离。

除了上述各项，还有翼展长（展翅长）、趾长、爪长、中趾连爪长等。

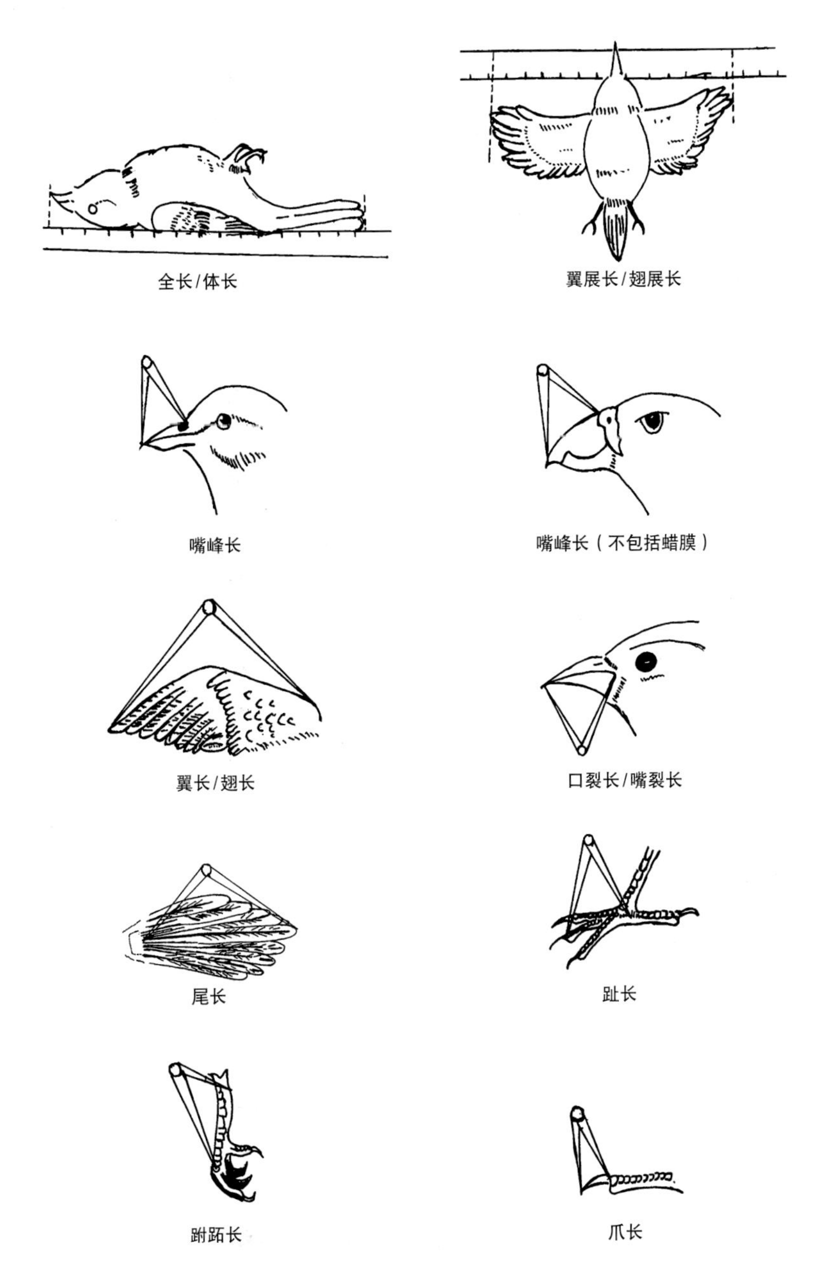

鸟体测量法

04 哺乳纲动物主要识别特征的常用名词

裂齿：食肉目动物上颌最后一颗前臼齿和下颌第一颗臼齿特别发达锋利，上下咬合呈剪刀状，有利于撕裂肉类食物，故称裂齿，也称为食肉齿。

颊齿：因哺乳动物的前臼齿和臼齿着生于面颊部，故将其统称为颊齿。

齿式：将哺乳动物牙齿的一侧上下颌各种齿型的数量按分数的形式列出来形成齿式。

虚位：哺乳动物齿与齿之间的空隙称为虚位，也称为齿隙，如兔形目和啮齿目动物因其无犬齿，在门齿和前臼齿之间出现了很大的空隙。

实角：也称鹿角。通常雄兽的实角较发达，是由额骨的突起形成的骨质角，分叉，且每年脱换一次。实角为鹿科动物所特有，除驯鹿雌雄均有角、河麂雌雄均无角外，其他鹿科动物均为雄性有角，而雌性无角，如雄性梅花鹿的角。

洞角：也称虚角、牛角。由表皮产生角鞘和额骨上的骨质角突紧密结合而成，一般称角鞘为角。其内中空，终身不更换，不分叉。洞角为牛科动物所特有，多数种类雌雄均有角，个别种类仅雄性有角而雌性无角，如原羚属的种类（如蒙原羚）、藏羚属的种类（如藏羚）、高鼻羚羊属的种类（如高鼻羚羊）等。

犀牛角：又称表皮角或纤维角，是毛的特化产物。由表皮产生的角质纤维交织形成，无骨心，不脱换，但断落时能长出新角。一般长在犀科动物鼻骨上或前后着生于鼻骨、额骨上。

叉角羚角：介于牛羊角和鹿角之间的角，其角心同牛羊，而角鞘又分小叉，角鞘在生殖季节脱换。雄性发达，雌性有很小的角心，无角鞘，仅北美分布的叉角羚有此种角。

瘤角：又称长颈鹿角，骨质角外终生包有被毛，不脱换。

趾行性和趾行足：以足趾着地的运动方式称为趾行性，趾以上部分全升离地面，这样的足称为趾行足，如猫、犬等的足。

蹄行性和蹄行足：以蹄着地的运动方式称为蹄行性。行走时，蹄着地的足称为蹄行足，如马、牛等的足。

跖行性和跖行足：以全部足跖（掌部）着地的行走方式称为跖行性。这样的足称为跖行足，如猿、猴、熊等的足。

体长：小型动物自吻端至肛门孔的直线长度，大型动物自吻端至尾基部的直线长度。

尾长：自肛门或尾基部至尾端（不含毛）的直线距离。

耳长：自耳壳基部缺口下缘至耳壳顶端（毛除外）的直线距离。

肩高：肩背脊至前肢蹄底的直线距离。

臀高：臀背脊至后肢蹄底的直线距离。

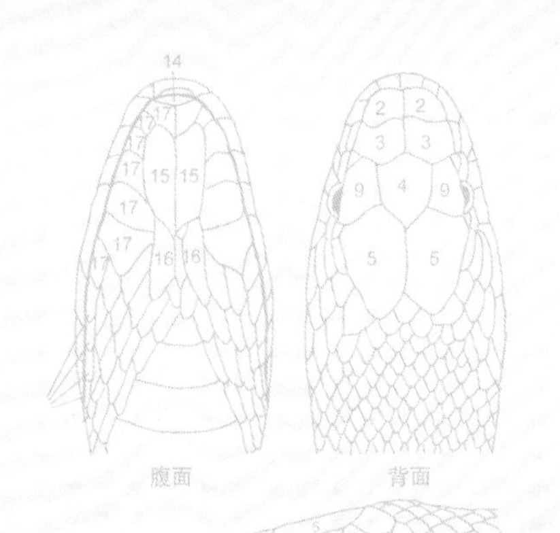

第二部分

常见涉案野生动物形态识别特征

001 大鲵

■ *Andrias davidianus* **有尾目隐鳃鲵科大鲵属**

国家二级保护野生动物（仅限野外种群）

形态特征：体呈灰褐色，体表光滑；体前部扁平，至尾部侧扁；口大眼小；体两侧有肤褶；前肢各具4指，后肢各具5趾。

常见交易类别：活体。

常见非法利用形式：非法人工养殖、非法野外猎捕。

002 红瘰疣螈

■ *Tylototriton shanjing* **有尾目蝾螈科疣螈属**

国家二级保护野生动物

形态特征：头部扁平，头背光滑且无鳞甲；体背以橙红色和黑色为主；身体两侧各具一列圆球形瘰粒；两侧脊棱显著，橙红色；尾长而侧扁。

常见交易类别：干制品、粉末制品。

常见非法利用形式：非法人工养殖、非法野外猎捕。

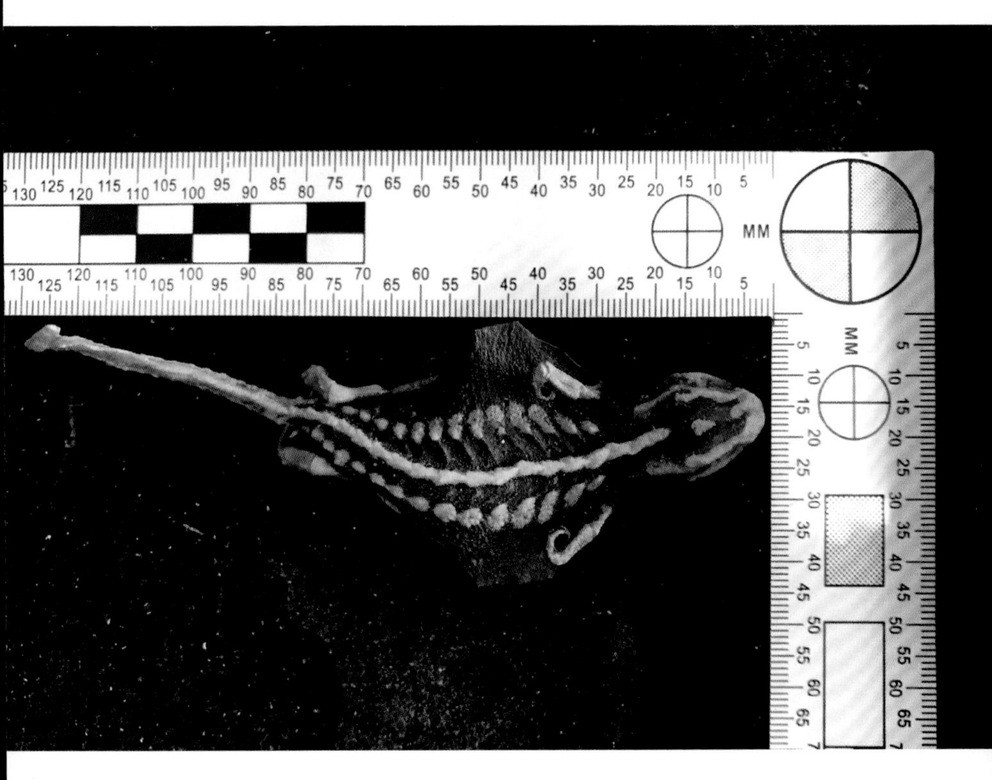

003 虎纹蛙

■ *Hoplobatrachus chinensis* **无尾目叉舌蛙科虎纹蛙属**

国家二级保护野生动物（仅限野外种群）

形态特征： 体背深褐色，散有不规则的斑纹，四肢横纹明显；头侧、前肢、足背面和体腹面皮肤光滑，背部皮肤粗糙，有很多长短不一、断续排列的纵棱，其间散有小的疣粒；头长大于头宽，吻端钝尖；雄性鼓膜显著，颞褶明显。

常见交易类别： 活体。

常见非法利用形式： 非法人工养殖、非法野外猎捕。

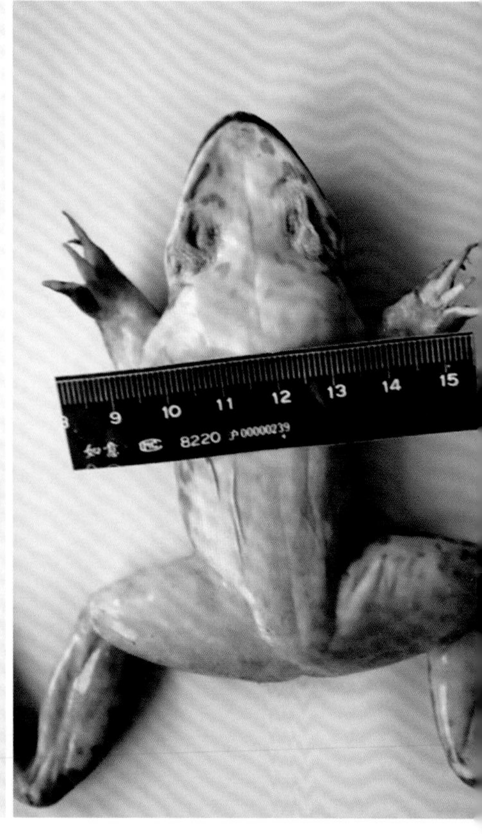

004 棘胸蛙

■ *Quasipaa spinosa*　　无尾目叉舌蛙科棘胸蛙属

形态特征： 吻端钝圆，鼓膜明显；全身灰黑色，皮肤粗糙，长短刺疣断续排列成行，其间有圆刺疣；腹部白色，雄蛙胸部满布黑色刺疣；成体无尾，前肢短，具有4指，指端尖圆，后肢较长。

常见交易类别： 活体。

常见非法利用形式： 非法人工养殖、非法野外猎捕。

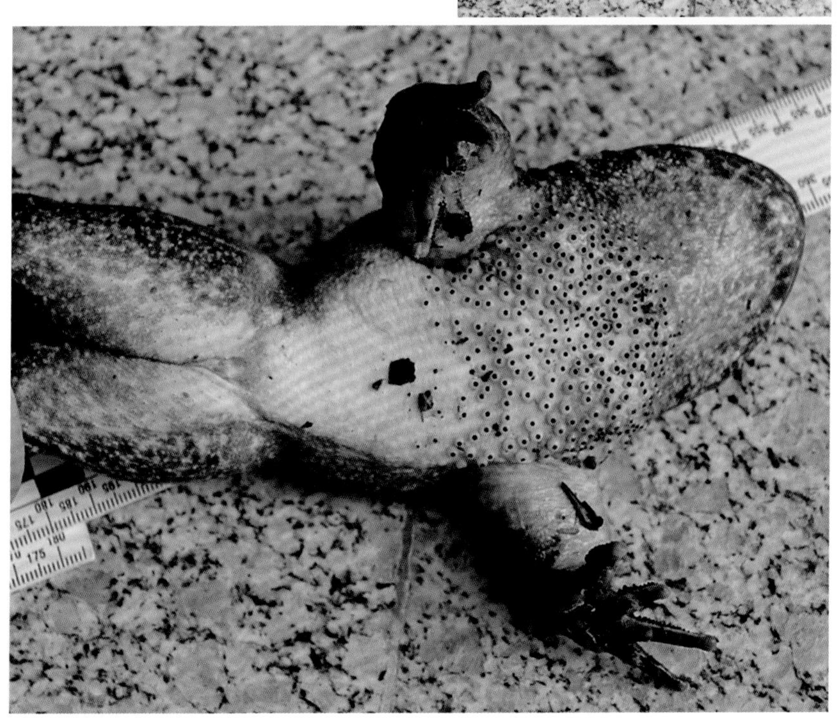

005 黑斑侧褶蛙

■ *Pelophylax nigromaculata* 无尾目蛙科侧褶蛙属

形态特征：体背为黄绿色或深绿色，背中央具一条浅色纵脊线；吻钝圆而略尖；体具有不规则的黑斑；前肢短且具4指，后肢长且具5趾，趾间有蹼。

常见交易类别：活体。

常见非法利用形式：非法人工养殖、非法野外猎捕。

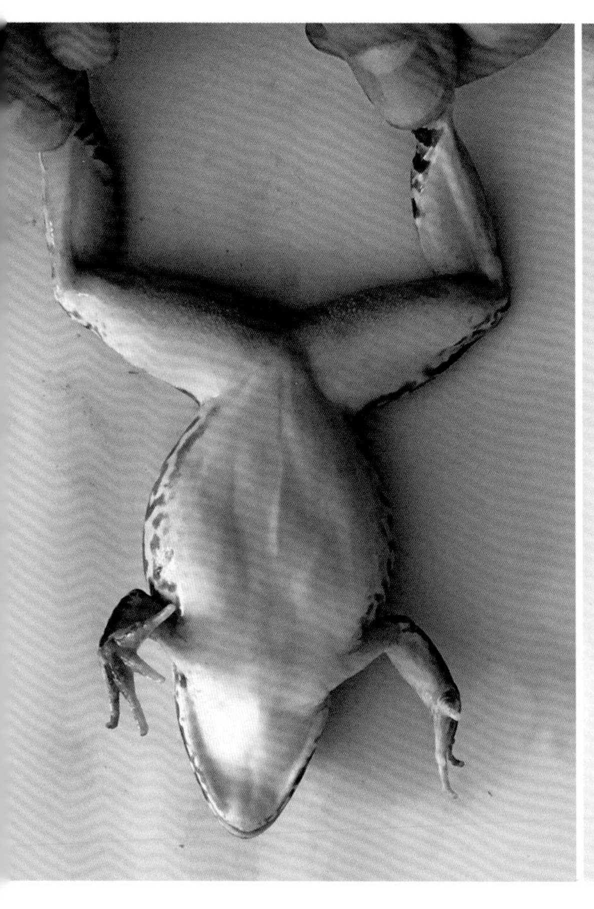

006 金线侧褶蛙

■ *Pelophylax plancyi*　　**无尾目蛙科侧褶蛙属**

形态特征：体背暗绿色，四肢背面有深色斑，腹面、咽胸部及胯部金黄色；背较粗糙，体背后侧具瘰粒，背侧褶及鼓膜棕黄色；头长略大于头宽，吻钝圆；鼓膜大而明显，几乎与眼同大。

常见交易类别：活体。

常见非法利用形式：非法人工养殖、非法野外猎捕。

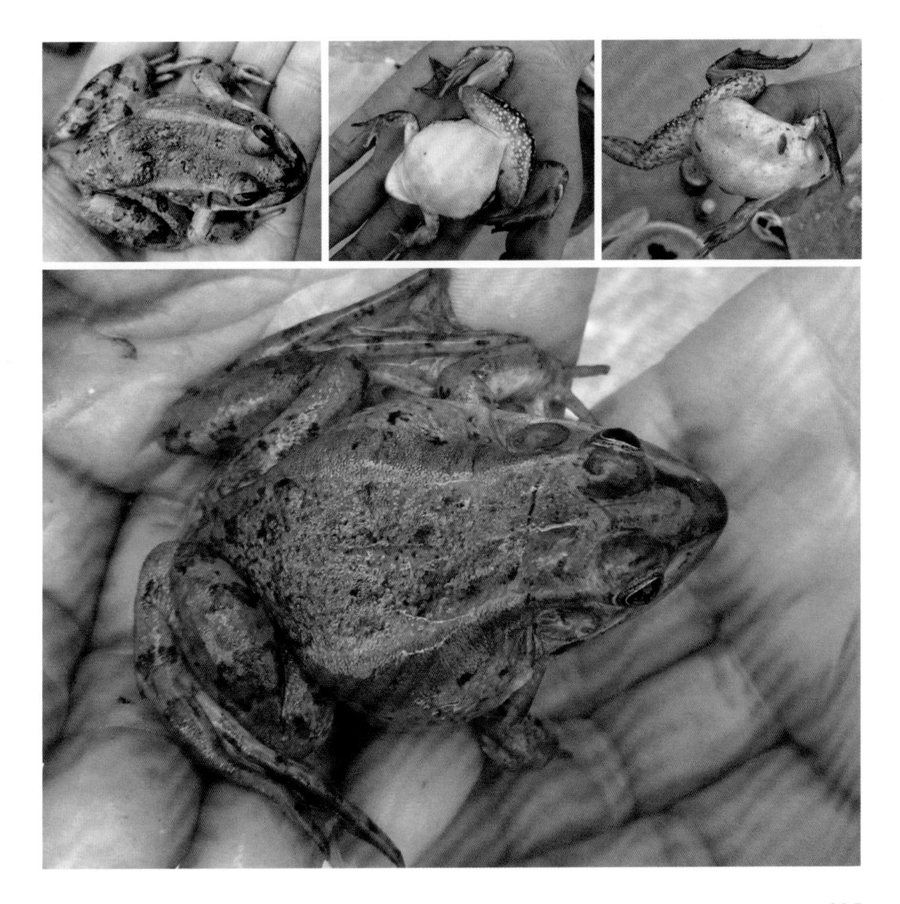

007 中华蟾蜍

■ *Bufo gargarizans* 无尾目蟾蜍科蟾蜍属

有重要生态、科学、社会价值的陆生野生动物（“三有”动物）

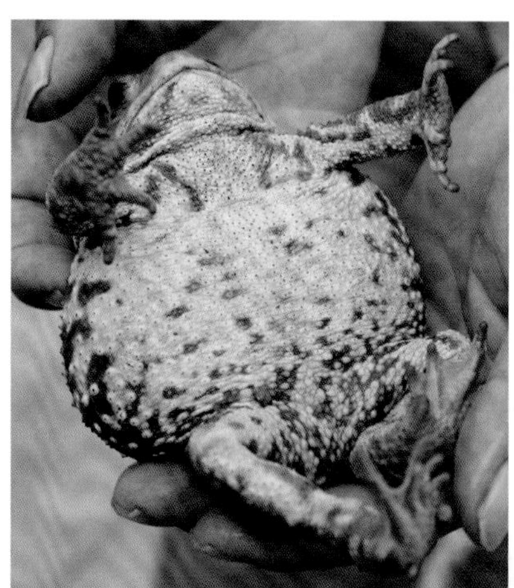

形态特征：体背灰绿色，体侧有深浅相同的花纹；腹面为乳黄色与黑色或棕色相间的花斑；头背光滑无疣粒，体背瘰粒多而密。

常见交易类别：活体。

常见非法利用形式：非法人工养殖、非法野外猎捕。

008 隆肛蛙

■ *Nanorana quadranus*　　　　**无尾目叉舌蛙科倭蛙属**

形态特征：成体无尾，皮肤裸露粗糙，体背呈橄榄色略带黄色，体侧浅黄色且具黑色云斑，咽颌部、胸腹部灰白色且有褐色云斑；眼大而鼓起；吻钝圆，吻棱不明显；体背、体侧及四肢背面均有疣粒分布，背部疣粒大且长；雄性肛部皮肤隆起明显，肛部周围疣粒密集；四肢腹面为鲜黄色。

常见交易类别：活体。

常见非法利用形式：非法人工养殖、非法野外猎捕。

009 印度星龟

■ *Geochelone elegans* 龟鳖目陆龟科土陆龟属

《濒危野生动植物种国际贸易公约》（2023）附录Ⅰ物种

形态特征：背腹具甲，背甲高隆，呈深褐色，满布浅色放射纹；腹甲黄色，后缘内凹，满布黑色放射纹；四肢呈圆柱形，指、趾具爪、无蹼。

常见交易类别：活体或者龟壳制品。

常见非法利用形式：非法人工养殖。

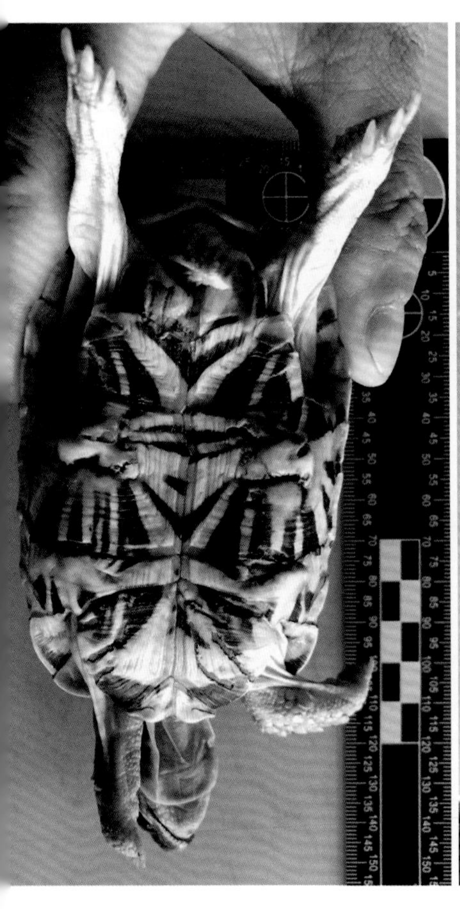

010 苏卡达陆龟

■ *Centrochelys sulcata*　　　　**龟鳖目陆龟科中非陆龟属**

《濒危野生动植物种国际贸易公约》（2023）附录Ⅱ物种

形态特征：背腹具甲，背甲高隆，前后缘呈锯齿状；腹甲平直，黄色无斑；四肢呈圆柱形，覆刺状鳞片；指、趾具爪、无蹼。

常见交易类别：活体或者龟壳制品。

常见非法利用形式：非法人工养殖。

011 缅甸陆龟

■ *Indotestudo elongata* 龟鳖目陆龟科南亚陆龟属

国家一级保护野生动物

形态特征：体黄绿色，每一盾片有不规则的黑色斑块；腹甲大，前缘平而厚实，后缘缺刻深；四肢褐色，有不规则黑色斑点；前肢5爪；指、趾间无蹼。

常见交易类别：活体或者龟壳制品。

常见非法利用形式：非法人工养殖。

012 豹纹陆龟

■ *Stigmochelys pardalis*　　**龟鳖目陆龟科豹龟属**

《濒危野生动植物种国际贸易公约》（2023）附录Ⅱ物种

形态特征：背甲高隆，前后缘不呈锯齿状，为深浅相套的杂色，每块盾片中央有大的黑色斑块；四肢呈圆柱形；指、趾具爪、无蹼；股部具多枚刺鳞。

常见交易类别：活体或者龟壳制品。

常见非法利用形式：非法人工养殖。

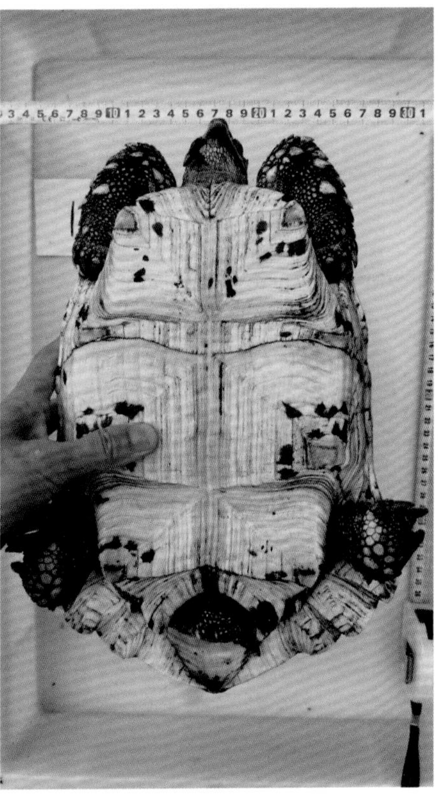

013 辐纹陆龟

■ *Astrochelys radiata* 龟鳖目陆龟科马岛陆龟属

《濒危野生动植物种国际贸易公约》（2023）附录 I 物种

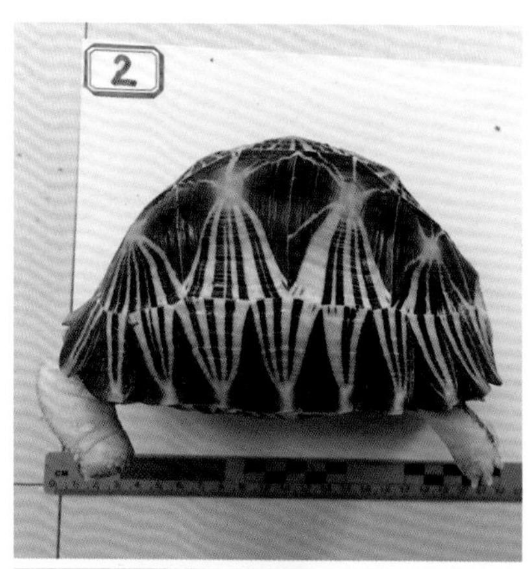

形态特征： 头颈黄与黑灰色相杂；背甲高隆，满布黄色辐射纹，后缘锯齿状；四肢呈圆柱形；指、趾具爪、无蹼。

常见交易类别： 活体或者龟壳制品。

常见非法利用形式： 非法人工养殖。

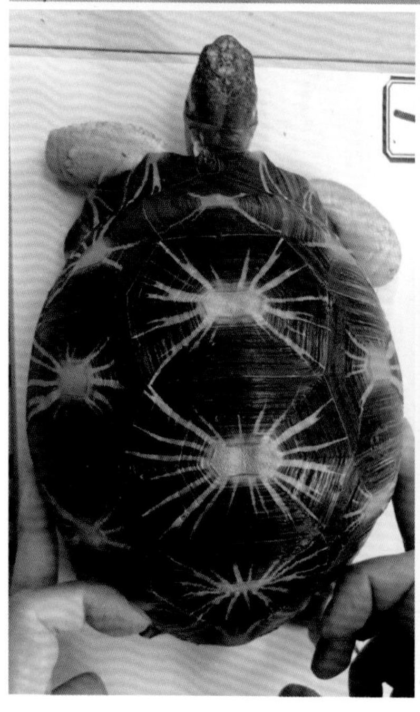

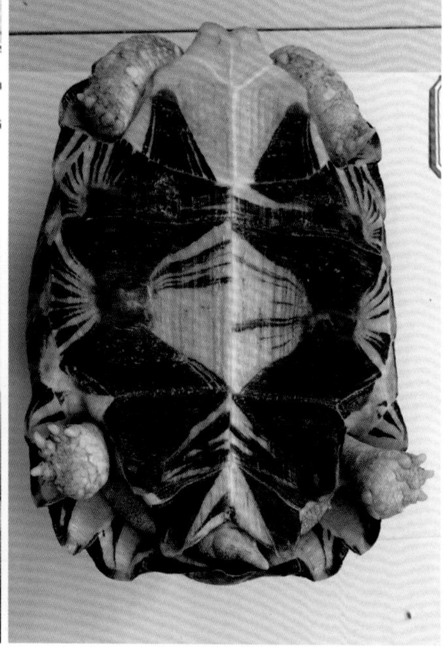

014 红腿陆龟

■ *Chelonoidis carbonarius*　　**龟鳖目陆龟科南美陆龟属**

《濒危野生动植物种国际贸易公约》(2023)附录Ⅱ物种

形态特征： 背甲黑色，椎盾和肋盾上具黄至橙色斑，无颈盾；腹甲黄色，盾沟色深，下胸盾上有一对黑色大斑；四肢呈圆柱形，指、趾具爪、无蹼；胯盾1枚与股盾相接。

常见交易类别： 活体或者龟壳制品。

常见非法利用形式： 非法人工养殖。

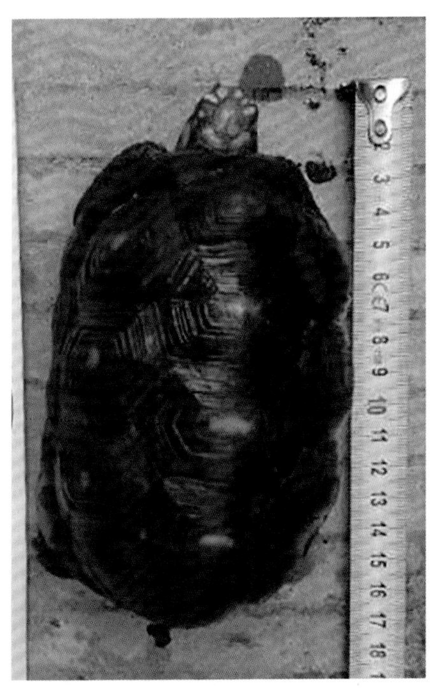

015 赫尔曼陆龟

■ *Testudo hermanni* 龟鳖目陆龟科陆龟属

《濒危野生动植物种国际贸易公约》(2023)附录Ⅱ物种

形态特征：背甲具黑色和黄色图案，边缘甲片以黄色为主；腹甲黄色，具黑色斑纹；四肢呈浅灰色，指、趾具爪、无蹼；尾部有一条呈角状的尖端。

常见交易类别：活体或者龟壳制品。

常见非法利用形式：非法人工养殖。

016 四爪陆龟

■ *Testudo horsfieldii*　　**龟鳖目陆龟科陆龟属**

国家一级保护野生动物

形态特征：背甲呈圆形，中部略微扁平，呈黄褐色，具黑褐色大斑；腹甲色斑与背甲相似；顶鳞1枚，前额鳞2枚；前后肢均具4爪。

常见交易类别：活体或者龟壳制品。

常见非法利用形式：非法人工养殖。

017 缅甸星龟

■ *Geochelone platynota* 龟鳖目陆龟科土陆龟属

《濒危野生动植物种国际贸易公约》（2023）附录Ⅰ物种

形态特征：背腹具甲；背甲高隆，呈黑褐色，满布浅色放射纹；腹甲黄色，具大块黑斑；尾基部具棘鳞；腋盾1枚，胯盾1枚。

常见交易类别：活体或者龟壳制品。

常见非法利用形式：非法人工养殖。

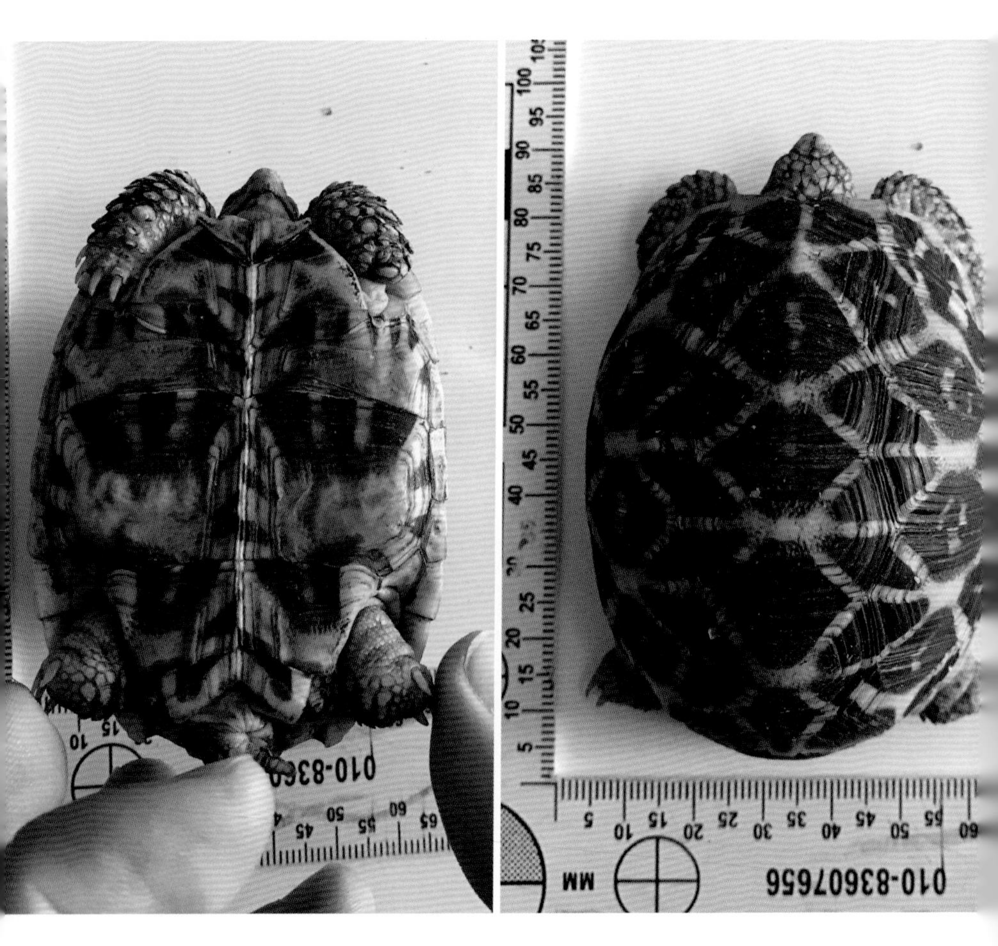

018 阿尔达布拉象龟

■ *Aldabrachelys gigantea*　　**龟鳖目陆龟科阿尔达布拉陆龟属**

《濒危野生动植物种国际贸易公约》(2023)附录Ⅱ物种

形态特征：背腹具甲，背腹甲黑色，背甲高隆；头颈黑色无斑，一对前额鳞大而显著；臀盾1枚。

常见交易类别：活体或者龟壳制品。

常见非法利用形式：非法人工养殖。

019 马达加斯加蛛网龟

■ *Pyxis arachnoides*　　　　龟鳖目陆龟科蛛陆龟属

《濒危野生动植物种国际贸易公约》(2023) 附录 I 物种

形态特征：背腹具甲；背甲高隆，前额鳞1枚；背甲黄褐色，具黄色蜘蛛形花纹；腹甲肱盾与上胸盾间具有枢纽；尾基具椎状刺鳞。

常见交易类别：活体或者龟壳制品。

常见非法利用形式：非法人工养殖。

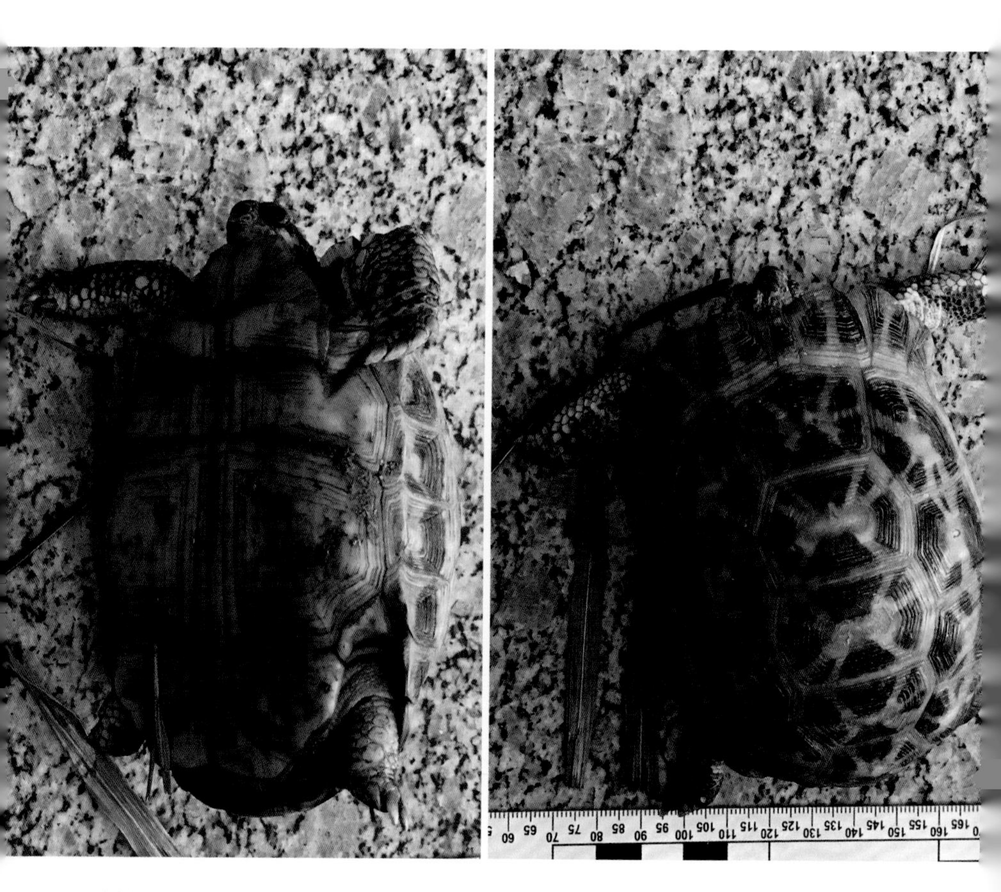

020 黑凹甲陆龟

■ *Manouria emys* **龟鳖目陆龟科凹甲陆龟属**

《濒危野生动植物种国际贸易公约》（2023）附录Ⅱ物种

形态特征：背甲棕褐色，盾片内凹，前后缘呈锯齿状；腹甲黄色，带有黑色斑纹；前额鳞2枚，顶鳞1枚；臀盾2枚，尾两侧具数枚棘鳞。

常见交易类别：活体或者龟壳制品。

常见非法利用形式：非法人工养殖。

021 黄缘闭壳龟

■ *Cuora flavomarginata* 龟鳖目地龟科闭壳龟属

国家二级保护野生动物（仅限野外种群）

形态特征：骨板外覆角质盾片；头部光滑，顶部橄榄色，头侧为明亮的黄色；背甲为深色高拱形的，背甲中线具一条浅色的带状纹，背甲的每块盾片具有明显的规则环状纹；腹甲黑褐色，边缘黄色。

常见交易类别：活体或者龟壳制品。

常见非法利用形式：非法人工养殖。

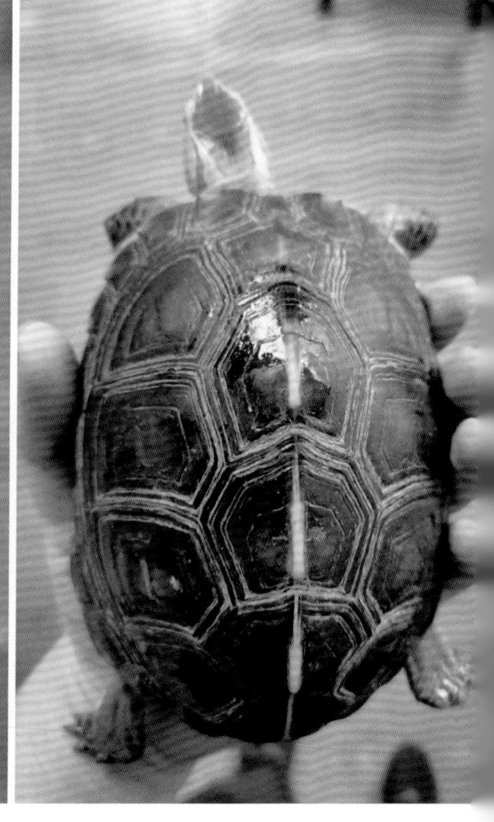

022 布氏闭壳龟

■ *Cuora bourreti* **龟鳖目地龟科闭壳龟属**

《濒危野生动植物种国际贸易公约》(2023) 附录Ⅰ物种

形态特征：头部平滑，橙黄色，有不规则斑点；背甲中央脊棱明显，脊线棕黄色；背甲中央有宽的深色纵带，向两侧色浅，缘盾深棕色；腹甲黄白色，每一块盾片上有大块黑斑。

常见交易类别：活体或者龟壳制品。

常见非法利用形式：非法人工养殖。

023 锯缘闭壳龟

■ *Cuora mouhotii* 龟鳖目地龟科闭壳龟属

国家二级保护野生动物（仅限野外种群）

形态特征： 背腹具甲；背甲高隆，为棕黄色，后缘呈明显锯齿状，具有3条脊棱，中间脊棱较为明显；腹甲黄色，边缘具不规则黑斑；无腋盾及胯盾。

常见交易类别： 活体或者龟壳制品。

常见非法利用形式： 非法人工养殖。

024 安布闭壳龟

■ *Cuora amboinensis*　　　　**龟鳖目地龟科闭壳龟属**

《濒危野生动植物种国际贸易公约》(2023)附录Ⅱ物种

形态特征：头顶有鲜明的亮黄色“V”字纹；背腹具甲；背甲高隆，黑褐色，具明显的脊棱，无侧棱；腹甲黄色，每枚盾片外缘分布有一个暗色圆形斑。

常见交易类别：活体或者龟壳制品。

常见非法利用形式：非法人工养殖。

025 黄额闭壳龟

■ *Cuora galbinifrons* 龟鳖目地龟科闭壳龟属

国家二级保护野生动物（仅限野外种群）

形态特征：头部金黄色，分布有黑色斑点；背腹具甲；背甲高隆，中间棕褐色，两侧黄色，杂有棕色斑纹；腹甲黑褐色，分布有黄色点；腹甲前后以韧带相连。

常见交易类别：活体或者龟壳制品。

常见非法利用形式：非法人工养殖。

026 三线闭壳龟

■ *Cuora trifasciata*　　**龟鳖目地龟科闭壳龟属**

国家二级保护野生动物（仅限野外种群）

形态特征： 额顶、喉、颊及喙黄色，自吻端过眼有2条、下额有1条粗黑纵纹；背甲棕色，具有明显3条隆起的黑色纵线，以中间的一条隆起最为明显且最长；腹甲黑色，外缘有断续的黄边；四肢及尾部为橘红色。

常见交易类别： 活体或者龟壳制品。

常见非法利用形式： 非法人工养殖。

027 黄喉拟水龟

■ *Mauremys mutica*

龟鳖目地龟科拟水龟属

国家二级保护野生动物（仅限野外种群）

形态特征：头部光滑无鳞；眼后沿鼓膜上、下各有1条黄色纵纹，喉部黄色；背甲平扁，灰棕色；腹甲黄色，每一块盾片后缘中间有一方形大黑斑。

常见交易类别：活体或者龟壳制品。

常见非法利用形式：非法人工养殖。

028 花龟

■ *Mauremys sinensis* 　　　　**龟鳖目地龟科拟水龟属**

国家二级保护野生动物（仅限野外种群）

形态特征：头部、颈部和四肢具亮绿色和黑色的细条纹；背甲深褐色，有不甚明显的略带红色的斑块，后缘无锯齿状；腹甲棕黄色，每一块盾片具有一块大墨渍状斑块；尾长，往后愈尖细。

常见交易类别：活体或者龟壳制品。

常见非法利用形式：非法人工养殖。

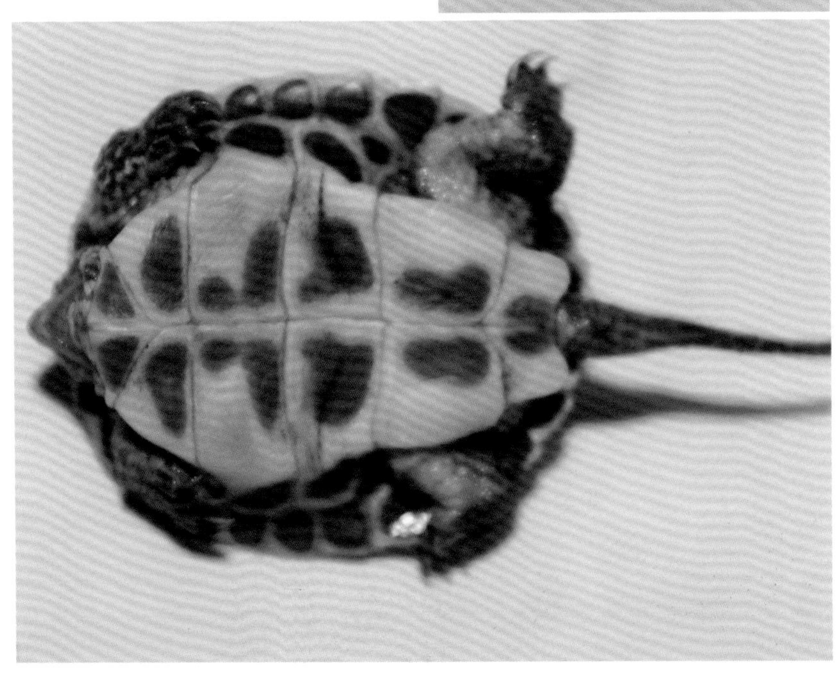

029 乌龟

■ *Mauremys reevesii* 龟鳖目地龟科拟水龟属

国家二级保护野生动物（仅限野外种群）

形态特征： 头颈侧有不规则淡黄色斑纹；背腹具甲；背甲较扁平，呈棕褐色，3条脊棱突出；腹甲棕黄色，有大块不规则黑斑；雄性老年个体几乎整体呈黑色。

常见交易类别： 活体或者龟壳制品。

常见非法利用形式： 非法人工养殖。

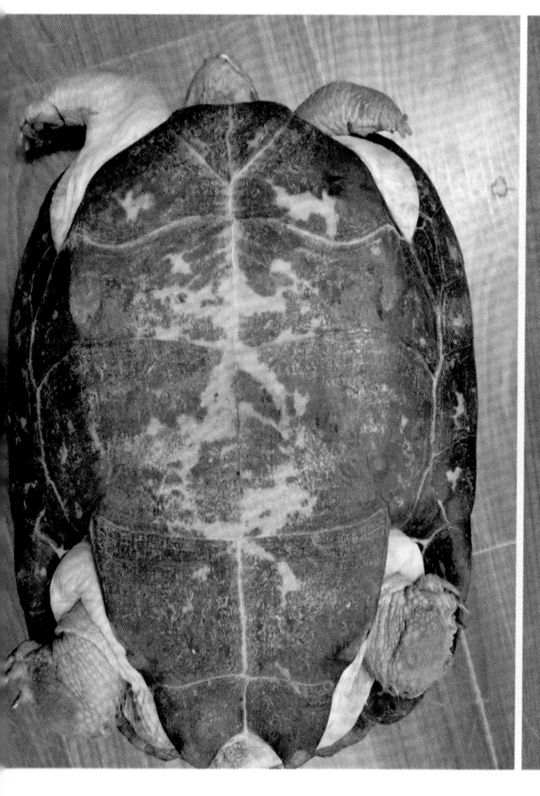

030 黑池龟

■ *Geoclemys hamiltonii* **龟鳖目地龟科池龟属**

《濒危野生动植物种国际贸易公约》(2023)附录Ⅰ物种

形态特征：头部宽大，头颈均为黑色，具黄白色杂斑点；背甲黑色，有大块白色不规则斑点；腹甲黑色，有白色大块杂斑；四肢黑色，有白色小杂斑点，趾间有蹼。

常见交易类别：活体或者龟壳制品。

常见非法利用形式：非法人工养殖。

031 眼斑水龟

■ *Sacalia bealei* 龟鳖目地龟科眼斑水龟属

国家二级保护野生动物（仅限野外种群）

形态特征：头顶部平滑，端部较尖，背部布满黑色细点；颈有多条纵纹；头顶后侧有1～2对眼状斑，眼状斑中央有1～3个黑点；背甲扁平，卵圆形，中央脊棱明显；腹甲淡黄色，散布黑色斑点或斑纹；指、趾间具蹼。

常见交易类别：活体。

常见非法利用形式：非法人工养殖。

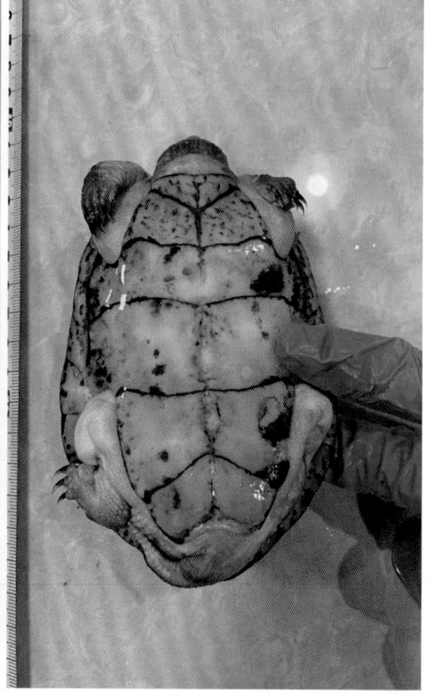

032 四眼斑水龟

■ *Sacalia quadriocellata*　　**龟鳖目地龟科眼斑水龟属**

国家二级保护野生动物（仅限野外种群）

形态特征：背甲较扁平，卵圆形，中央脊棱明显；头背部无不规则的黑色虫纹；颈有明显的3条纵纹；头顶后侧有2对眼状斑，每个眼状斑中央有1个黑点；腹甲淡黄色，散布黑色小斑点；指、趾间具蹼。

常见交易类别：活体。

常见非法利用形式：非法人工养殖。

033 钻纹龟

■ *Malaclemys terrapin* 龟鳖目龟科钻纹龟属

《濒危野生动植物种国际贸易公约》（2023）附录Ⅱ物种

形态特征： 背腹具甲，且不具有下缘盾；背甲环纹明显，脊棱突出；腹甲黄至黄绿色；头颈满布黑色斑纹，头顶具一菱形大斑。

常见交易类别： 活体或者龟壳制品。

常见非法利用形式： 非法人工养殖。

034 锦龟

■ *Chrysemys picta*　　　　**龟鳖目泽龟科锦龟属**

形态特征：头部具黄色条纹，眼后具粗的黄条纹且均延伸至颈部；背甲平滑，颜色为深灰黑色；腹甲为橙黄色；背腹甲及缘盾上具黄至红色弯曲条纹，有2枚胯盾。

常见交易类别：活体或者龟壳制品。

常见非法利用形式：非法人工养殖。

035 玳瑁

■ *Eretmochelys imbricata* 龟鳖目海龟科玳瑁属

国家一级保护野生动物

形态特征：背腹具甲，四肢桨状；有下缘盾，肋盾4对；指、趾端各具2枚爪；上嘴向下钩曲，似鹰嘴；前额鳞2对。

常见交易类别：标本或者龟壳制品。

常见非法利用形式：非法捕捞。

036 绿海龟

■ *Chelonia mydas*　　　　龟鳖目海龟科海龟属

国家一级保护野生动物

形态特征：背腹具甲，有下缘盾，肋盾4对；四肢桨状，指、趾端各具1枚爪；颈盾宽短；前额鳞1对。

常见交易类别：标本或者龟壳制品。

常见非法利用形式：非法捕捞。

037 红海龟

■ *Caretta caretta* 龟鳖目海龟科蠵龟属

国家一级保护野生动物

形态特征：身体宽扁，背腹具甲；前后肢扁平，呈桨状；指、趾端各具2枚爪；头背具前额鳞2对；背甲红褐色，具3枚下缘盾。

常见交易类别：活体或者龟壳制品。

常见非法利用形式：非法人工养殖。

038 平胸龟

■ *Platysternon megacephalum* **龟鳖目平胸龟科平胸龟属**

国家二级保护野生动物（仅限野外种群）

形态特征：头大，呈三角形，头背覆以大块角质硬壳；上喙钩曲呈鹰嘴状；背甲棕褐色，较为扁平，前后缘不呈锯齿状；具下缘盾，背腹甲以韧带连接；四肢灰色，具瓦状鳞片；尾较长。

常见交易类别：活体。

常见非法利用形式：非法人工养殖。

039 两爪鳖

■ *Carettochelys insculpta* 龟鳖目两爪鳖科两爪鳖属

《濒危野生动植物种国际贸易公约》（2023）附录Ⅱ物种

形态特征： 背腹具甲，皮肤革质，且不具有下缘盾；背甲灰黑色，两侧各有一列浅色斑；鼻管状突出；前肢桨状，前肢具两爪。

常见交易类别： 活体。

常见非法利用形式： 非法人工养殖。

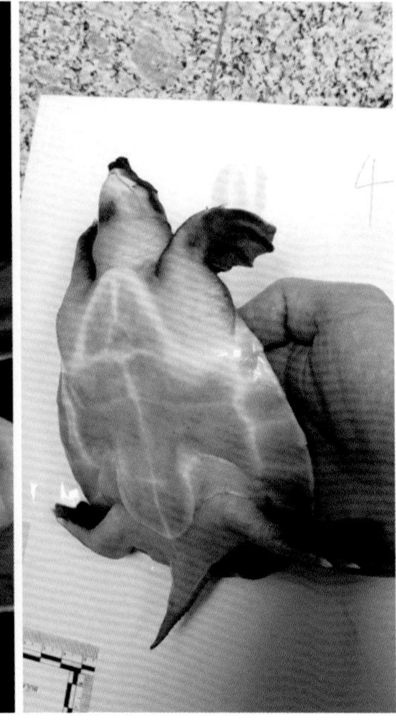

040 圆鼻巨蜥

■ *Varanus salvator*　　**有鳞目巨蜥科巨蜥属**

国家一级保护野生动物

形态特征：体长，体躯和四肢均很粗壮；体呈以深灰黑色为主的麻斑；体被有方形鳞片，多呈规则的横带状排列，尾侧扁如带；四肢较短且关节不发达，指、趾端具锐爪。

常见交易类别：活体。

常见非法利用形式：非法人工养殖。

041 平原巨蜥

■ *Varanus exanthematicus* 有鳞目巨蜥科巨蜥属

《濒危野生动植物种国际贸易公约》（2023）附录Ⅱ物种

形态特征： 头部宽，并有细小的鳞片；颈部短小；成体有一条又粗又短的尾巴，幼体尾巴较细；身体通常呈咖啡色或灰色，背上缀有多行黄至橙色的圆点，幼体黄色圆点不甚明显。

常见交易类别： 活体。

常见非法利用形式： 非法人工养殖。

042 白喉巨蜥

■ *Varanus albigularis*　　有鳞目巨蜥科巨蜥属

《濒危野生动植物种国际贸易公约》(2023)附录Ⅱ物种

形态特征：躯体和四肢粗壮，尾强健；体背黑褐色，杂有横向排列的黄色圆形斑纹；尾上有黑黄交替的环纹，黑色环纹上也有小黄斑；四肢上也有点状黄斑。

常见交易类别：活体。

常见非法利用形式：非法人工养殖。

043 孟加拉巨蜥

■ *Varanus bengalensis* 有鳞目巨蜥科巨蜥属

国家一级保护野生动物

形态特征：外形似蜥蜴，体浅褐色，体具有黄黑色斑纹；鼻孔呈裂目状，位于眼至吻部中央；四肢发达，指趾端爪发达；尾部侧扁，微有双棘。

常见交易类别：活体。

常见非法利用形式：非法人工养殖。

044 美洲绿鬣蜥

■ *Iguana iguana*　　有鳞目美洲鬣蜥科美洲鬣蜥属

《濒危野生动植物种国际贸易公约》（2023）附录Ⅱ物种

形态特征： 身体细长，且尾很长，具5指（趾）型四肢；颈的背部具较多圆锥状鳞；从背部至尾部有一行梳状鬣鳞；眼大、鼓膜裸露，喉下有大的喉扇。

常见交易类别： 活体。

常见非法利用形式： 非法人工养殖。

045 犀蜥

■ *Cyclura cornuta* 有鳞目美洲鬣蜥科圆尾蜥属

《濒危野生动植物种国际贸易公约》（2023）附录Ⅰ物种

形态特征：四肢健壮，体壮硕；头部及躯干部大，眼睛前方有类似犀牛角般的隆起鳞片；体色几乎为全灰；尾强壮厚实，且覆有棘状大鳞。

常见交易类别：活体。

常见非法利用形式：非法人工养殖。

046 黑斑双领蜥

■ *Tupinambis merianae*　　**有鳞目美洲蜥蜴科双领蜥属**

《濒危野生动物植物种国际贸易公约》（2023）附录Ⅱ物种

形态特征： 身体较大且粗壮，颈短粗；头顶具对称的大鳞，嘴较尖长；体色主要呈黑色和白色，有规则的黑色宽条纹贯穿；四肢粗壮，爪锋利，后肢有黑色斑点；尾部较长，具黑白相间的斑纹。

常见交易类别： 活体。

常见非法利用形式： 非法人工养殖。

047 黑栉尾蜥

■ *Ctenosaura similis*　　有鳞目美洲鬣蜥科栉尾蜥属

形态特征：体形粗大，体被角质鳞片，5指（趾）型附肢；头较小，附肢较长；背中央的鬣鳞发达，体背具黑、褐色相间的花纹；尾细长，尾上有环状棘刺。

常见交易类别：活体。

常见非法利用形式：非法人工养殖。

048 鬃狮蜥

■ *Pogona vitticeps*　　　　有鳞目鬣蜥科鬃狮蜥属

形态特征： 体形粗大，躯干较为扁平，体被角质鳞片，5指（趾）型附肢；背部、体侧及颈部布满棘状鳞；四肢强健，具有浅色细横纹；尾巴较长，具有浅色细横斑。

常见交易类别： 活体。

常见非法利用形式： 非法人工养殖。

049 长鬣蜥

■ *Physigathus cocincinus* 有鳞目鬣蜥科长鬣蜥属

国家二级保护野生动物

形态特征：体被角质鳞片，5指（趾）型附肢；头呈四棱锥形，头顶正中凹陷；眼较大，鼓膜裸露；颈部至尾前部鬣鳞发达；尾巴特长，成鞭状，具有黑色环，尾长达体长2倍以上。

常见交易类别：活体。

常见非法利用形式：非法人工养殖。

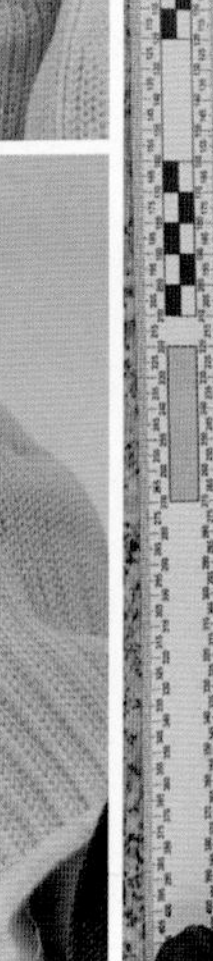

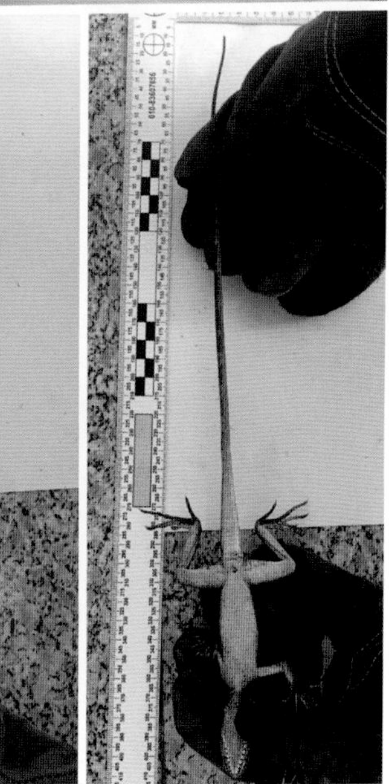

050 蓝舌石龙子

■ *Tiliqua scincoides*　　有鳞目石龙子科蓝舌蜥属

形态特征：体呈圆柱形，头略呈三角形，四肢短小，尾长渐尖；体背面为茶褐色，并分布有数条深色宽纹；体腹面深褐色，并杂有白色斑点；舌呈蓝色。

常见交易类别：活体。

常见非法利用形式：非法人工养殖。

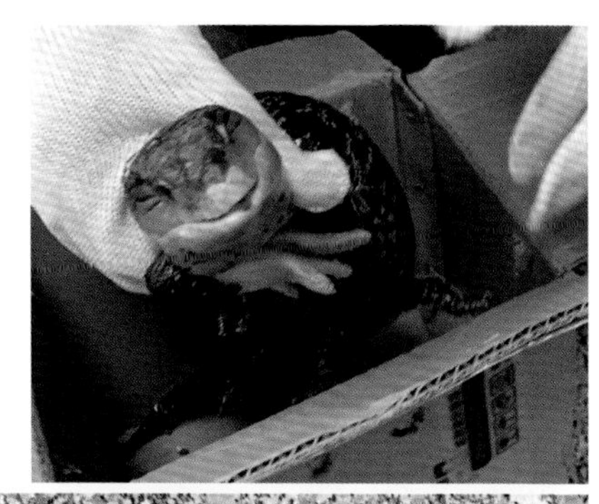

051 高冠变色龙

■ *Chamaeleo calyptoratus* 有鳞目避役科避役属

《濒危野生动植物种国际贸易公约》（2023）附录Ⅱ物种

形态特征：头顶有骨板构成的头冠；眼筒状，明显凸出，可转动；体背中央有1条深色的脊棱；腹面绿色，带有深蓝色斑点。

常见交易类别：活体。

常见非法利用形式：非法人工养殖。

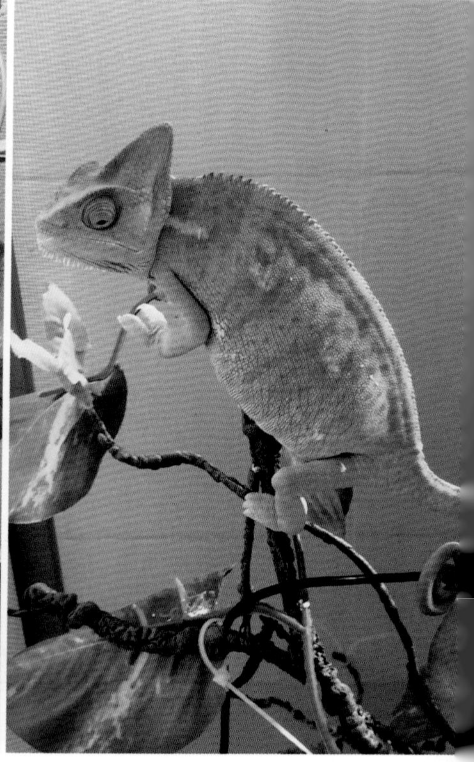

052 大壁虎

■ *Gekko gecko*　　**有鳞目壁虎科壁虎属**

国家二级保护野生动物

形态特征：头呈三角形，长大于宽；头及背鳞细小，胸及腹鳞较大，均匀排成覆瓦状；体背紫灰色，有深红色或蓝灰色斑点；腹面近于白色，散有粉红色斑点。

常见交易类别：活体及干制品。

常见非法利用形式：非法人工养殖、非法入药、非法猎捕。

053 无蹼壁虎

■ *Gekko swinhonis* 有鳞目壁虎科壁虎属

有重要生态、科学、社会价值的陆生野生动物（“三有”动物）

形态特征：颈显著，四肢发达，均具5指（趾）；背面灰褐色，腹面乳黄色或乳白色；背部具有扁圆的疣鳞；趾端具爪，趾侧有吸盘，趾间无蹼；尾长，易断。

常见交易类别：死体。

常见非法利用形式：非法人工养殖、非法野外猎捕。

054 球蟒

■ *Python regius*　　有鳞目蟒科蟒属

《濒危野生动植物种国际贸易公约》（2023）附录 II 物种

形态特征： 躯体粗大，颈部较细；体底色淡褐色或者白色，具有不规则暗褐色斑纹或者深黄色斑纹；眼部上方有明显的直条纹；尾部呈直条花纹。

常见交易类别： 活体。

常见非法利用形式： 非法人工养殖。

055 蟒蛇

■ *Python bivittatus* **有鳞目蟒科蟒属**

国家二级保护野生动物

形态特征：头小，吻端扁平，头背具浅色箭头状斑纹；通身背鳞较小而光滑；体侧及体背有云豹状的大斑纹；尾较短。

常见交易类别：活体。

常见非法利用形式：非法人工养殖。

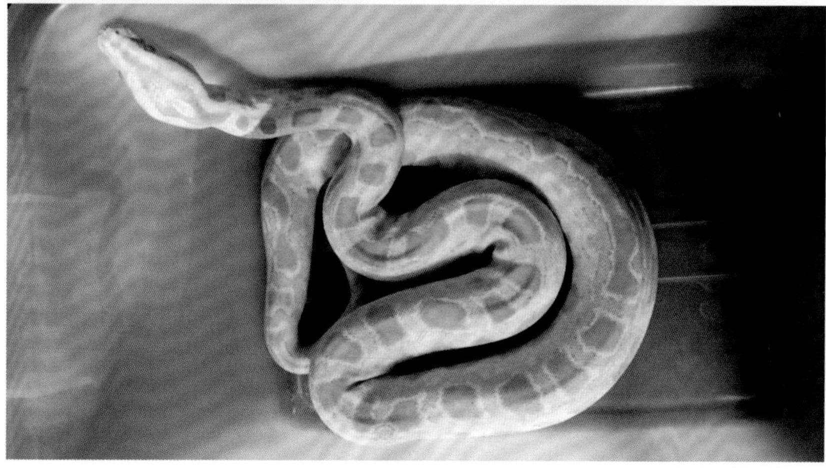

056 红尾蚺

■ *Boa constrictor*　　**有鳞目蚺科蚺属**

《濒危野生动植物种国际贸易公约》（2023）附录Ⅱ或Ⅰ物种

形态特征：背部具灰褐色纹路；尾部呈砖红色；头部无热能传感颊窝；在头背部有灰褐色直条纹。

常见交易类别：活体。

常见非法利用形式：非法人工养殖。

057 杜氏蚺

■ *Boa dumerili* 有鳞目蚺科蚺属

《濒危野生动植物种国际贸易公约》(2023) 附录Ⅱ物种

形态特征：躯体粗大，颈部较细；躯体表面褐色，交错布有灰色或者咖啡色的斑纹；头部具有“古”字形斑纹；背部具有2种棕色色调的鞍形花纹。

常见交易类别：活体。

常见非法利用形式：非法人工养殖。

058 翡翠树蚺

■ *Corallus caninus*　　有鳞目蚺科美洲树蚺属

《濒危野生动植物种国际贸易公约》（2023）附录Ⅱ物种

形态特征：体形细长，头较宽，头颈部可明显区分；成体颜色为鲜明的绿色；躯体背部具短横白斑，腹面白色；热感应窝分布于吻鳞和两侧的上下唇鳞。

常见交易类别：活体。

常见非法利用形式：非法人工养殖。

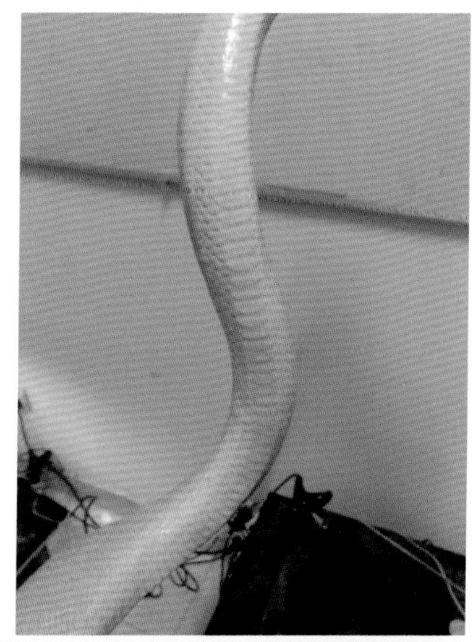

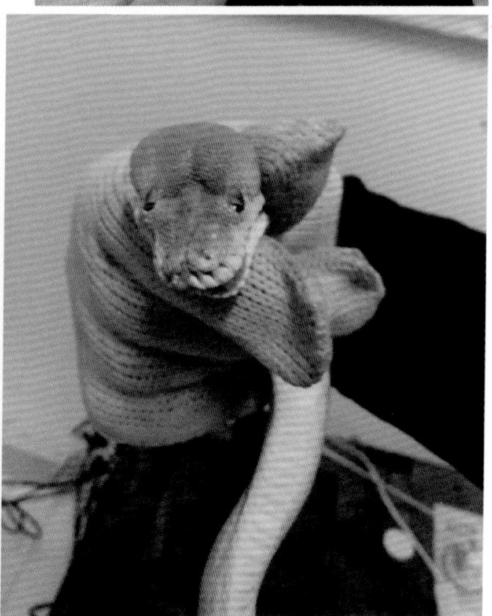

059 舟山眼镜蛇

■ *Naja atra* **有鳞目眼镜蛇科眼镜蛇属**

有重要生态、科学、社会价值的陆生野生动物（“三有”动物）

形态特征：体呈黑褐色；背面有白色细横纹；颈背具白色眼镜状斑纹；腹面污白色；头椭圆形，与颈区分不十分明显。

常见交易类别：活体、死体。

常见非法利用形式：非法人工养殖、非法野外猎捕。

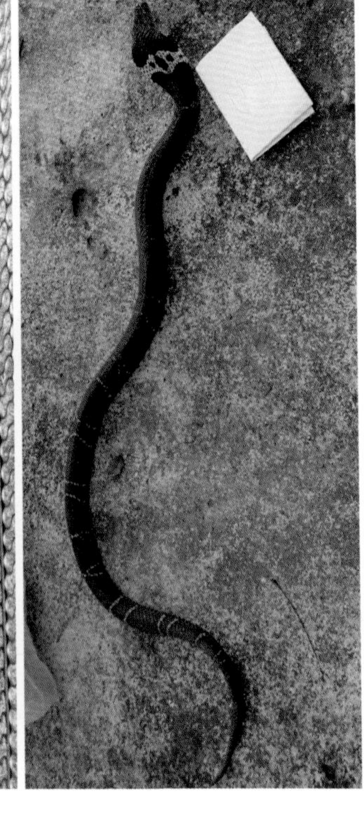

060 短尾蝮

■ *Gloydius brevicaudus* **有鳞目蝰科亚洲蝮属**

有重要生态、科学、社会价值的陆生野生动物（“三有”动物）

形态特征：体短粗，头略呈三角形；背面浅褐色，具有深棕色圆斑，圆斑中央色浅；眼后眉纹上缘镶以黄白色边；尾突然变细，尾尖为黑色。

常见交易类别：活体。

常见非法利用形式：非法人工养殖、非法野外猎捕。

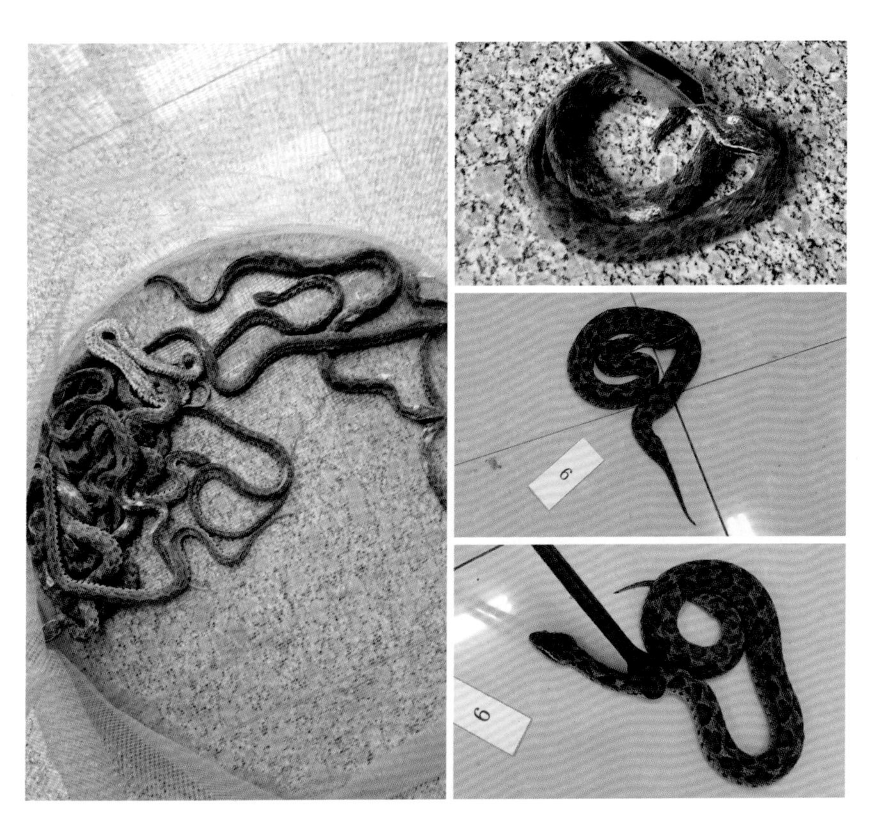

061 尖吻蝮

■ *Deinagkistrodon acutus* 有鳞目蝰科尖吻蝮属

有重要生态、科学、社会价值的陆生野生动物（“三有”动物）

形态特征：体粗壮，尾较短；头呈长三角形；吻端尖，向上方翘起；体背面棕黑色，体两侧具较为对称的浅棕色三角形斑；体腹面白色，具黑斑。

常见交易类别：活体。

常见非法利用形式：非法野外猎捕。

062 赤链蛇

■ *Lycodon rufozonatus* **有鳞目游蛇科白环蛇属**

有重要生态、科学、社会价值的陆生野生动物（“三有”动物）

形态特征：体背黑褐色，具红色窄横斑；体腹面灰黄色；头部黑色，略扁，呈椭圆形；枕部具红色“丫”形斑；腹鳞两侧杂以黑褐色点斑。

常见交易类别：活体、死体。

常见非法利用形式：非法人工养殖、非法野外猎捕。

063 乌梢蛇

■ *Ptyas dhumnades* 有鳞目游蛇科鼠蛇属

有重要生态、科学、社会价值的陆生野生动物（“三有”动物）

形态特征：体细长；体背棕黑色，稍染绿色，背正中具明显的黄色和黑色纵纹；体腹浅黄色；头颈明显，尾部细长。

常见交易类别：活体、死体。

常见非法利用形式：非法人工养殖、非法野外猎捕。

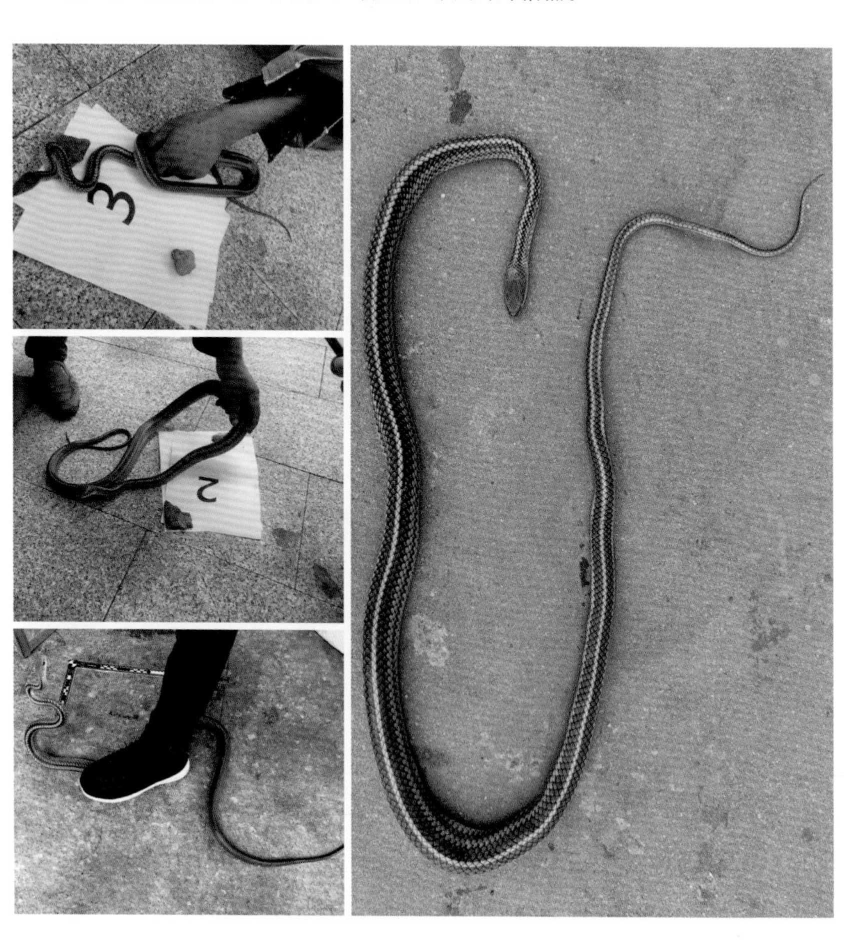

064 虎斑颈槽蛇

■ *Rhabdophis tigrinus*　　**有鳞目水游蛇科颈槽蛇属**

有重要生态、科学、社会价值的陆生野生动物（“三有”动物）

形态特征：体细长，花纹较为鲜艳；体背面草绿色；枕部两侧有一对粗大的黑色“八”形斑；体前段具粗大的黑色与橘红色斑块。

常见交易类别：活体。

常见非法利用形式：非法野外猎捕。

065 黑眉锦蛇

■ *Elaphe taeniura* 有鳞目游蛇科锦蛇属

有重要生态、科学、社会价值的陆生野生动物（“三有”动物）

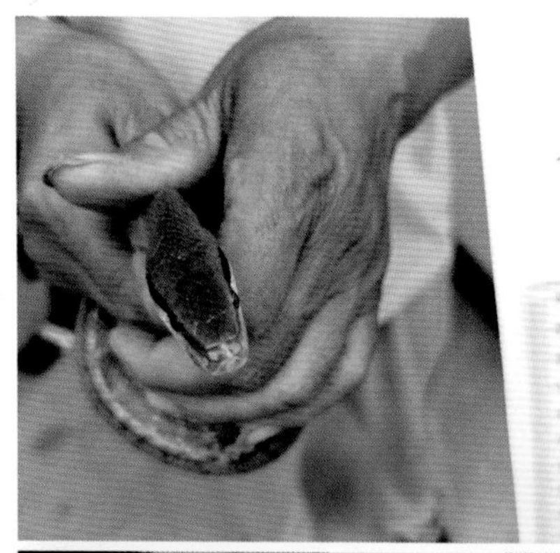

形态特征： 体、尾背面黄绿色，腹面灰黄色；眼后有一条眉状黑纹；体背前、中部有梯状横纹，体后渐变不显；体侧前、中部有黑斑，后部至尾端有宽黑带纹。

常见交易类别： 活体。

常见非法利用形式： 非法人工养殖、非法野外猎捕。

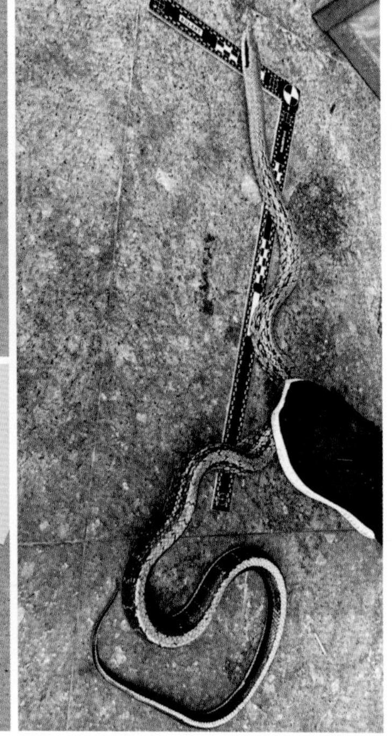

066 王锦蛇

■ *Elaphe carinata*　　有鳞目游蛇科锦蛇属

有重要生态、科学、社会价值的陆生野生动物（仅限野外种群）

形态特征：体粗大；头较扁，呈椭圆形，头前部呈现黑色“王”字；躯干前半部有横斜纹；腹面黄色，有黑斑。

常见交易类别：活体。

常见非法利用形式：非法人工养殖、非法野外猎捕。

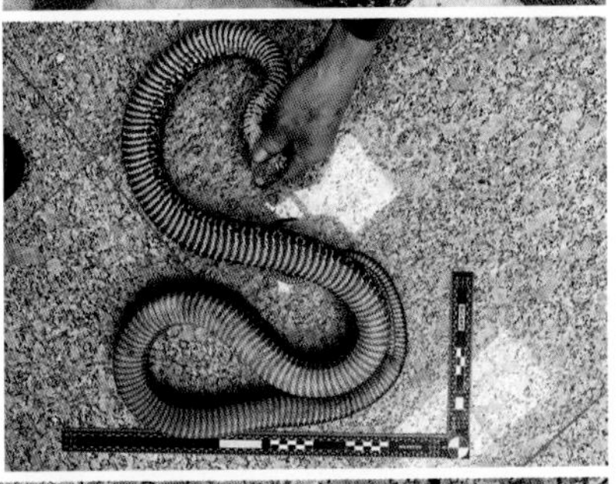

067 暹罗鳄

■ *Crocodylus siamensis* 鳄目鳄科鳄属

《濒危野生动植物种国际贸易公约》(2023)附录Ⅰ物种

形态特征：吻部较为平扁，吻长约为吻宽的1.5倍。后枕鳞为一横排，具4块稍大的鳞片，左右对称；项鳞6块，排列成群，中间4块排成一正方形；尾和背上有暗色横斑。

常见交易类别：活体、皮制品。

常见非法利用形式：非法人工养殖。

068 暗绿绣眼鸟

■ *Zosterops japonicus*　　**雀形目绣眼鸟科绣眼鸟属**

有重要生态、科学、社会价值的陆生野生动物（“三有”动物）

形态特征：体长约10cm。雌雄羽色相似。头和上体鲜黄绿色，具明显的白色眼圈；胸黄色；下体米白色至黄灰色；两胁颜色较深，但无红胁绣眼鸟栗色的两胁；尾下覆羽黄色。

常见交易类别：活体。

常见非法利用形式：非法人工饲养、非法野外猎捕。

069 红胁绣眼鸟

■ *Zosterops erythropleurus* 雀形目绣眼鸟科绣眼鸟属

国家二级保护野生动物

形态特征：体长约12cm。雌雄羽色相似。与暗绿绣眼鸟及灰腹绣眼鸟的区别在上体灰色较多，两胁栗色，有时不显露，下颚色较淡，黄色喉斑较小，头顶无黄色。

常见交易类别：活体。

常见非法利用形式：非法人工饲养、非法野外猎捕。

070 白腹鸫

■ *Turdus pallidus*　　　　雀形目鸫科鸫属

有重要生态、科学、社会价值的陆生野生动物（“三有”动物）

形态特征：体长约24cm。雌雄羽色基本相似。头灰褐色，无眉纹；背橄榄褐色；尾黑褐沾灰，外侧两枚尾羽具宽阔的白色端斑；颏白色，喉灰色，胸和两胁灰褐色，其余下体白色沾灰。

常见交易类别：活体。

常见非法利用形式：非法野外猎捕。

071 灰背鸫

■ *Turdus hortulorum* 雀形目鸫科鸫属

有重要生态、科学、社会价值的陆生野生动物（“三有”动物）

形态特征：体长约24cm。雄鸟头、上体灰色；两翅表面略带蓝灰色，飞羽黑褐色；尾羽中央1对尾蓝灰色，其余黑褐色；颏、喉灰白色，胸浅灰色，下胸两边、胁、翼下覆羽橘黄色，腹部白色。雌鸟较雄鸟上体颜色深，胸和胁部有黑色点斑。

常见交易类别：活体。

常见非法利用形式：非法野外猎捕。

072 紫啸鸫

■ *Myophonus caeruleus*　　雀形目鹟科*Myophonus*属

有重要生态、科学、社会价值的陆生野生动物（"三有"动物）

形态特征： 体长约32cm。雌雄羽色相似，雌鸟稍暗淡。头部、前额基部和眼先黑色；通体蓝黑色，各羽先端具善良的淡紫色滴状斑点，喉、胸部更为显著；尾羽蓝紫色；飞羽黑褐色；两胁、腹部中央以及尾下覆羽纯黑色。

常见交易类别： 活体。

常见非法利用形式： 非法人工饲养、非法野外猎捕。

073 喜鹊

▪ *Pica pica* 雀形目鸦科鹊属

有重要生态、科学、社会价值的陆生野生动物（“三有”动物）

形态特征：体长约45cm。头部、颈侧、后颈到背黑色，微具金属光泽。腰灰白色。尾上覆羽黑色。尾羽黑色，具靛蓝色光泽。初级飞羽黑褐色；次级飞羽和三级飞羽黑色，具蓝色光泽；肩羽白色，其他覆羽黑色。颏、喉、胸羽黑色；腹部白色；尾下覆羽黑色。幼鸟与成鸟相似，黑色部分沾褐色且无光泽，白色部分灰白。

常见交易类别：活体。

常见非法利用形式：非法野外猎捕。

074 灰喜鹊

■ *Cyanopica cyanus* 雀形目鸦科灰喜鹊属

有重要生态、科学、社会价值的陆生野生动物（“三有”动物）

形态特征：体长约35cm。头顶、头侧和枕部黑色，具蓝色光泽。后颈、背、肩、腰和尾上覆羽灰褐色。尾灰蓝色，中央尾羽最长且端部白色。初级飞羽黑色外翈基部1/2灰蓝，端部1/2白色；次级飞羽外翈灰蓝，内翈黑色；三级飞羽蓝色；翼上覆羽灰蓝色。颏、喉白色；下体余部污灰色。

常见交易类别：活体。

常见非法利用形式：非法野外猎捕。

075 红嘴蓝鹊

■ *Urocissa erythrorhyncha* 雀形目鸦科蓝鹊属

有重要生态、科学、社会价值的陆生野生动物（“三有”动物）

形态特征：体长约68cm。雌雄羽色相似。头和上胸黑色；背、肩、腰紫蓝灰色或灰蓝沾褐，尾上覆羽淡紫蓝色或淡蓝灰色，具黑色端斑和白色次端斑。中央尾羽，蓝灰色，具白色端斑；其余尾羽紫蓝色或蓝灰色，具白色端斑和黑色次端斑。两翼蓝色。胸黑色；其余下体白色，有时沾蓝或沾黄色。嘴和脚红色。

常见交易类别：活体。

常见非法利用形式：非法野外猎捕。

076 黄喉鹀

■ *Emberiza elegans* **雀形目鹀科鹀属**

有重要生态、科学、社会价值的陆生野生动物（“三有”动物）

形态特征： 体长约15cm。雄鸟头顶及羽冠、头侧均为黑色；眉纹前后端白色而中间粗大鲜黄；后颈、腰及尾上覆羽多灰色；背栗褐色，有黑褐色羽干纹；两翼及尾大都黑褐色，羽缘棕白色；最外侧尾羽几全白；颏黑色，喉鲜黄色；胸部有1块半月形黑斑；两胁具栗色条纹。雌鸟似雄鸟但色暗，褐色取代黑色，皮黄色取代黑色。

常见交易类别： 活体。

常见非法利用形式： 非法野外猎捕。

077 田鹀

■ *Emberiza rustica*　　雀形目鹀科鹀属

有重要生态、科学、社会价值的陆生野生动物（“三有”动物）

形态特征：体长约14.5cm。雄鸟头顶、头侧均为黑色；颈项有白色斑块；眉纹棕白粗长；两翼褐色；尾上覆羽栗色；尾羽黑褐色，外侧两对有楔形白斑；下体除前胸栗色外，其余白色；颏、喉、颈侧常有稀疏黑褐色细斑，体侧密布栗色纵纹。雌鸟明显暗淡。

常见交易类别：活体。

常见非法利用形式：非法野外猎捕。

078 灰头鹀

■ *Emberiza spodocephala*　　　　雀形目鹀科鹀属

有重要生态、科学、社会价值的陆生野生动物（“三有”动物）

形态特征：体长为14cm。指名亚种繁殖期雄鸟头、颈背、喉灰色，嘴基周围、颏及眼先黑色；上体余部浓栗色而具有明显的黑色纵纹；下体浅黄或近白；肩部具一白斑，尾色深而带白色边缘。雌鸟及冬季雄鸟头橄榄色，贯眼纹及耳覆羽下的月牙形斑纹黄色。

常见交易类别：活体。

常见非法利用形式：非法野外猎捕。

079 三道眉草鹀

■ *Emberiza cioides* **雀形目鹀科鹀属**

有重要生态、科学、社会价值的陆生野生动物（“三有”动物）

形态特征：体长约16cm。雄鸟头顶红栗，羽端淡棕；眼先及髭纹黑色；耳羽深栗色；眉纹、颊、颏和喉浅灰或灰白色；上体均栗色，上背羽缘棕色，有黑褐色羽干纹；翼羽黑褐色，羽缘淡棕色；中央尾羽栗色而具有黑褐色羽干纹，其余尾羽黑褐色；最外侧两对尾羽有楔形白斑；前胸栗红色带斑羽前颈界限分明，胸及体侧红棕色，胸部中央浅灰色、淡棕色或灰白色。雌鸟头顶暗棕色，有黑褐色羽干纹，耳羽黄褐色；眉纹及颊、颏、喉但棕而杂以灰褐色细斑；前胸淡棕色。

常见交易类别：活体。

常见非法利用形式：非法野外猎捕。

080 栗鹀

■ *Emberiza rutila* **雀形目鹀科鹀属**

有重要生态、科学、社会价值的陆生野生动物（“三有”动物）

形态特征：体长约15cm。雄鸟头颈连接上体及翼上的覆羽，喉及前胸栗红色；后胸黄色；两肋暗橄榄绿色；尾灰褐色；两翼黑褐色，具橄榄绿色狭缘。雌鸟头顶及翕羽橄榄褐色，具深褐色条纹；下背及尾上覆羽栗色；眉纹淡黄色；下体淡灰黄色，体侧有深褐色条纹；翅及尾与雄鸟相似。

常见交易类别：活体。

常见非法利用形式：非法野外猎捕。

081 麻雀

■ *Passer montanus* 雀形目雀科麻雀属

有重要生态、科学、社会价值的陆生野生动物（“三有”动物）

形态特征：体长约14cm。雄鸟从额至后颈纯肝褐色；上体砂棕褐色，具黑色条纹；翅上有两道显著的近白色横斑纹；颏和喉黑色。雌鸟似雄体，但色彩较淡或暗，额和颊羽具暗色先端，嘴基带黄色。

常见交易类别：活体、死体。

常见非法利用形式：非法野外猎捕。

082 白头鹎

■ *Pycnonotus sinensis*　　　　**雀形目鹎科鹎属**

有重要生态、科学、社会价值的陆生野生动物（“三有”动物）

形态特征：体长约19cm。额至头顶纯黑色而富有光泽；头顶两侧自眼后开始各有一条白纹，向后延伸至枕部相连，形成一条宽阔的枕环；颊、耳羽、颧纹黑褐色，耳羽后部转为污白色或灰白色；上体褐灰或橄榄灰色，具黄绿色羽缘，使上体形成不明显的暗色纵纹；尾和两翅暗褐色，具黄绿色羽缘；颏、喉白色，胸淡灰褐色，形成一道不明显的淡灰褐色横带；其余下体白色或灰白色，羽缘黄绿色，形成稀疏而不明显的黄绿色纵纹。

常见交易类别：活体。

常见非法利用形式：非法野外猎捕。

083 画眉

■ *Garrulax canorus* 雀形目噪鹛科噪鹛属

国家二级保护野生动物

形态特征：体长约22cm。雌雄羽色相似。额棕色，头顶至上背棕褐色，自额至上背具宽阔的黑褐色纵纹，纵纹前段色深、后段色淡。眼圈白色，其上缘白色向后延伸成一窄线直至颈侧，状如眉纹。头侧暗棕褐色，其余上体包括翅上覆羽棕橄榄褐色。两翅飞羽暗褐色；外侧飞羽外翈羽缘缀以棕色，内翈基部亦具宽阔的棕缘；内侧飞羽外翈棕橄榄褐色。尾羽浓褐或暗褐色，具多道不甚明显的黑褐色横斑；尾末端较暗褐。颏、喉、上胸和胸侧棕黄色，杂以黑褐色纵纹；其余下体亦为棕黄色，两胁较暗无纵纹，腹中部污灰色，肛周沾棕，翼下覆羽棕黄色。

常见交易类别：活体。

常见非法利用形式：非法野外猎捕、非法人工饲养。

084 鹩哥

■ *Gracula religiosa* **雀形目椋鸟科鹩哥属**

国家二级保护野生动物

形态特征： 体长约29cm。通体黑色，头和颈具紫黑色金属光泽；眼先和头侧被绒黑色短羽，头顶中央羽毛硬密而卷曲；雄性成鸟嘴须发达；额至头顶辉黑色，头侧具橘黄色肉垂和肉裾；上体的后颈、肩和两翅内侧覆羽均为辉紫铜色；下背、腰及尾上覆羽呈金属绿色；颏、喉至前颈紫黑色；前胸铜绿色；腹部蓝紫铜色，腹中央和尾下覆羽羽端具狭窄白色羽缘。雌鸟体色与雄鸟相似。

常见交易类别： 活体。

常见非法利用形式： 非法野外猎捕、非法人工饲养。

085 灰椋鸟

■ *Spodiopsar cineraceus* 雀形目椋鸟科*Spodiopsar*属

有重要生态、科学、社会价值的陆生野生动物（“三有”动物）

形态特征：体长约24cm。雄性成鸟额、头顶及后颈黑色，各羽呈矛状；背、肩及腰均为深灰褐色；尾上覆羽前部白色，后部与背同色；中央尾羽黑褐色，其余尾羽黑色；眼先、眼周及颊杂以黑色羽毛；颈侧黑色；大覆羽黑褐色；中覆羽、小覆羽深灰褐色，初级飞羽黑褐色；次级飞羽比初级飞羽色淡；颏白色；喉、前颈及上胸灰黑色；下胸、两胁及腹淡灰色；尾下覆羽白色。雌鸟头至后颈黑褐色，上体大都褐色，颏、喉至颈淡棕灰色，上胸灰褐色，下体余部土褐色。

常见交易类别：活体。

常见非法利用形式：非法野外猎捕。

086 丝光椋鸟

■ *Spodiopsar sericeus*　　　　**雀形目椋鸟科*Spodiopsar*属**

有重要生态、科学、社会价值的陆生野生动物（“三有”动物）

形态特征：体长约24cm。雄鸟头和颈白色微缀有灰色，有时还沾有皮黄色，各羽呈矛状，披散至上颈；背灰色，颈基处较暗，往后逐渐变浅，到腰和尾上覆羽为淡灰色；肩外缘白色；两翅和尾黑色，具蓝绿色金属光泽，小覆羽具宽的灰色羽缘，初级飞羽基部有显著白斑，外侧大覆羽具白色羽缘；头侧、颏、喉和颈侧白色；上胸暗灰色，有的向颈侧延伸至后颈，形成一个不甚明显的暗灰色环；下胸和两胁灰色；腹至尾下覆羽白色，腋羽和翅下覆羽亦为白色。雌鸟和雄鸟大致相似。

常见交易类别：活体。

常见非法利用形式：非法野外猎捕。

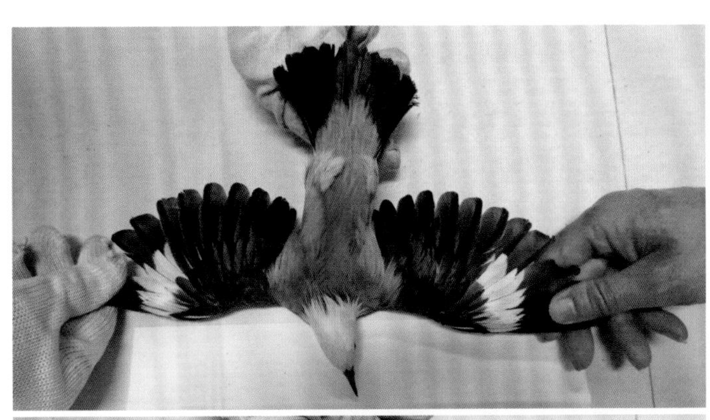

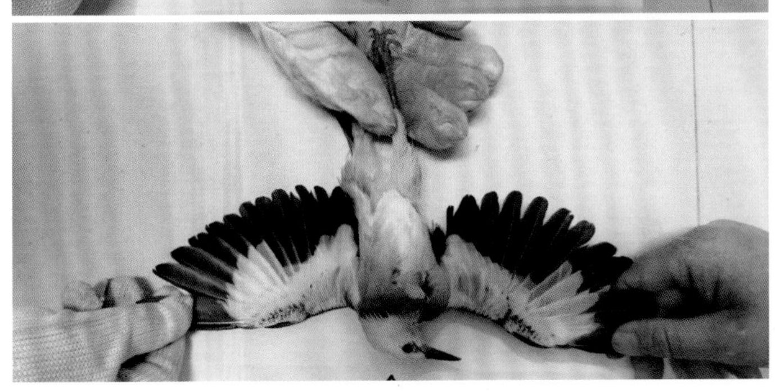

087 黑尾蜡嘴雀

■ *Eophona migratoria* 雀形目燕雀科蜡嘴属

有重要生态、科学、社会价值的陆生野生动物（“三有”动物）

形态特征：体长约17cm。雄鸟头顶、颊、颈侧、颏和喉亮黑色；后颈、背及肩灰褐色；腰和尾上覆羽浅灰色；中央尾羽亮黑色；翼灰黑色，飞羽先端白色；胸淡褐色，两胁橙黄色，腹以下白色。雌鸟头部灰褐色；颈侧和喉银灰色；背、肩及三级飞羽灰黄褐色；腰和尾上覆羽近银灰色；尾羽大都灰褐色，具黑端。

常见交易类别：活体。

常见非法利用形式：非法野外猎捕。

088 棕背伯劳

■ *Lanius schach*　　　　**雀形目伯劳科伯劳属**

有重要生态、科学、社会价值的陆生野生动物（“三有”动物）

形态特征：体长约25cm。前额黑色，眼先、眼周和耳羽黑色，形成一条宽阔的黑色贯眼纹，头顶至上背灰色；下背、肩、腰和尾上覆羽棕色，翅上覆羽黑色，大覆羽具窄的棕色羽缘；初级飞羽基部白色或棕白色，形成白色翅斑并明显露出于翅覆羽外；尾羽黑色，外侧尾羽外翈具棕色羽缘和端斑；颏、喉和腹中部白色，其余下体淡棕色或棕白色，两胁和尾下覆羽棕红色或浅棕色；嘴、脚黑色。

常见交易类别：活体、死体。

常见非法利用形式：非法野外猎捕。

089 红尾水鸲

■ *Rhyacornis fuliginosa* 雀形目鹟科红尾鸲属

有重要生态、科学、社会价值的陆生野生动物（“三有”动物）

形态特征：体长约14cm。雄鸟通体暗蓝灰色，两翅黑褐色，尾红色。雌鸟上体暗蓝灰褐色，头顶较多褐色，翅上覆羽和飞羽黑褐色或褐色，内侧次级飞羽和覆羽具淡棕色羽缘、尖端具白色或黄白色斑点，在翅上形成两排白色或黄白色斑点；大覆羽、初级飞羽和外侧次级飞羽具褐色或淡色羽缘；尾上覆羽和尾下覆羽白色，尾羽暗褐色，基部白色，并由内向外基部白色范围逐渐扩大，到最外侧一对尾羽几乎全为白色；下体白色具淡蓝灰色鳞状斑，向后逐渐转为波状横斑，颏沾黄褐色并延伸至颊、眼先和额基等处。

常见交易类别：活体。

常见非法利用形式：非法野外猎捕。

090 蓝喉歌鸲

■ *Luscinia svecica*　　　　**雀形目鹟科歌鸲属**

国家二级保护野生动物

形态特征： 体长约14cm。上体褐色，脸及胸橘黄色，两胁近灰。雄鸟具狭窄的黑色项纹环绕橘黄色胸围形斑。雌鸟似雄鸟，但色较淡。

常见交易类别： 活体。

常见非法利用形式： 非法野外猎捕、非法人工饲养。

091 红喉歌鸲

■ *Calliope calliope* 雀形目鹟科*Calliope*属

国家二级保护野生动物

形态特征： 体长约16cm。雄鸟额至头顶棕褐色；上体及尾羽皆为橄榄色；眉纹和颧纹白色，眼先、颊黑色，耳羽浅栗色；颏和喉鲜红色而边缘围以黑色；飞羽及外侧覆羽沙褐色；下体羽色淡，胸部灰褐色，胁浅棕色，腹灰白色。雌鸟羽色近雄鸟，但羽色稍浅，而喉部为白色微带红色；眉纹和颧纹不显著。

常见交易类别： 活体。

常见非法利用形式： 非法野外猎捕、非法人工饲养。

092 白骨顶

■ *Fulica atra*　　**鹤形目秧鸡科骨顶属**

有重要生态、科学、社会价值的陆生野生动物（“三有”动物）

形态特征： 体长约40cm。雌雄羽色相似。整个体羽呈深黑灰色；嘴先端灰色，余部白色；上嘴基部与白色额板项链，额板上阔下窄，雄鸟较雌鸟宽；跗跖和趾暗绿色；除后趾外，其余各趾均具对称状瓣蹼；爪灰黑色。

常见交易类别： 活体、死体。

常见非法利用形式： 非法野外猎捕。

093 黑水鸡

■ *Gallinula chloropus* 鹤形目秧鸡科黑水鸡属

有重要生态、科学、社会价值的陆生野生动物（“三有”动物）

形态特征：体长约31cm。雌雄羽色相似。体羽全青黑色，仅两胁有白色细纹形成的线条以及尾下有两块白斑；嘴先端黄色，基部与额板相连呈鲜红色。脚绿色。亚成体嘴为褐绿色；额板较小，土黄色。

常见交易类别：活体、死体。

常见非法利用形式：非法野外猎捕。

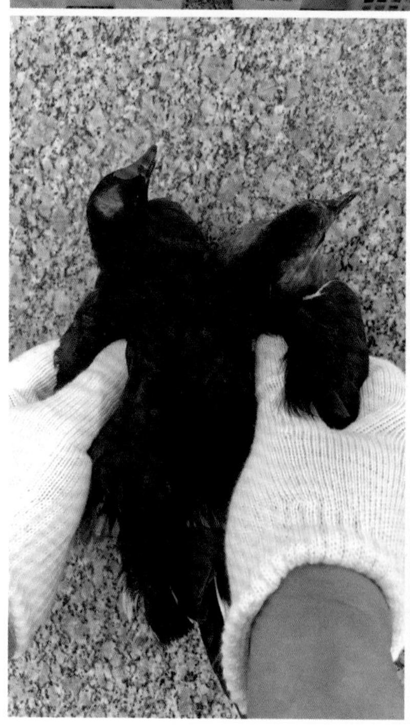

094 白胸苦恶鸟

■ *Amaurornis phoenicurus*　　**鹤形目秧鸡科苦恶鸟属**

有重要生态、科学、社会价值的陆生野生动物（“三有”动物）

形态特征：体长约33cm。雌雄羽色相似。上体几乎呈纯橄榄褐色，颈侧和两胁前部转为深灰色，下背带棕褐色；脸、额、胸及上腹部白色；下腹及尾下覆羽棕色。嘴黄绿色，上嘴基部橙红色。

常见交易类别：活体、死体。

常见非法利用形式：非法野外猎捕。

095 灰头麦鸡

■ *Vanellus cinereus*　　鸻形目鸻科麦鸡属

有重要生态、科学、社会价值的陆生野生动物（“三有”动物）

形态特征：体长约35cm。成鸟（夏羽）：头、颈灰色；背灰褐色；尾上覆羽白色；中央尾羽基部白色，近端部具黑色横斑，端部灰色；其余尾羽横版逐渐变窄，最外侧尾羽白色；初级飞羽黑色，次级飞羽白色，三级飞羽与背同色；胸部具暗褐色横带斑；腹至尾下覆羽白色；嘴黄色，先端黑色。

常见交易类别：活体、死体。

常见非法利用形式：非法野外猎捕。

096 绿头鸭

■ *Anas platyrhynchos* 雁形目鸭科鸭属

有重要生态、科学、社会价值的陆生野生动物（“三有”动物）（仅限野外种群）

形态特征：体长约58cm。外形大小和家鸭相似。雄性成鸟头和颈部黑绿色，有金属光泽，且颈部有一明显的白色领环；上体黑褐色，腰和尾上覆羽黑色；中央尾羽黑色，上卷曲成钩状；外侧尾羽白色；两翼灰褐色、翼镜蓝泽色，且具金属光泽；胸栗色；翅、两胁和腹灰白色；嘴黄绿色；脚橘红色。雌鸟头顶至枕部黑色，羽缘棕黄色；头颈两侧及后颈棕红色，杂有黑色细纹；贯眼纹黑褐色；两翼似雄鸟；下体淡棕色杂有黑褐色斑纹；嘴橘红色，脚橘红色。

常见交易类别：活体、死体。

常见非法利用形式：非法人工饲养、非法野外猎捕。

097 斑嘴鸭

■ *Anas zonorhyncha* 雁形目鸭科鸭属

有重要生态、科学、社会价值的陆生野生动物（“三有”动物）

形态特征：体长约60cm。雌雄羽色相似，但雌性体色较淡。头色浅，头顶及眼线色深；嘴黑色，嘴端黄色，且于繁殖期嘴端有一黑点；喉及颊皮黄色；上背灰褐沾棕色，具棕白色羽缘；下背褐色；腰、尾上覆羽和尾羽黑褐色，尾羽羽缘较浅淡；两翼黑褐色，翼镜蓝绿色，带紫色金属光泽，近端部有一条黑色横带与绿头鸭不同；胸淡棕白色，有褐斑；腹部褐色；尾下覆羽黑色。

常见交易类别：活体、死体。

常见非法利用形式：非法人工饲养、非法野外猎捕。

098 花脸鸭

■ *Sibirionetta formosa*　　雁形目鸭科*Sibirionetta*属

国家二级保护野生动物

形态特征： 体长约42cm。雄鸟头顶和后颈上部黑褐色；脸部自眼后有一宽阔的翠绿色纵纹，延伸至后颈下部，左右几乎合并；黑褐色和翠绿色之间有白色狭窄相隔；后颈基部翠绿色带斑之间有一个三角形黑斑；颏、喉、前颈上部黑色；自眼周有一黑色纵纹，下达至喉；头、颈两侧大都棕色；上背和两胁蓝灰色，密布以黑褐色细纹；下背至尾上覆羽暗褐色，具淡色羽缘；尾上覆羽尤淡，尾羽褐色，具细狭的棕白色羽缘；两翼暗褐色，翼镜金属铜绿色，后面转为黑色，再后白色；胸淡棕色，密布暗褐色点状斑；腹白色；尾下覆羽黑褐色，居中者具棕白色端斑。雌鸟上体自额部到尾大都暗褐色，各羽缘较淡；头顶黑色；翼和雄性相似，翼镜稍小；头颈侧白色，杂暗褐色细纹；颏棕白色；喉与前颈白色；眼先在嘴基处有一棕白色圆斑；眼后上方具棕白色眉纹；胸腹和雄性相似。

常见交易类别： 活体、死体。

常见非法利用形式： 非法野外猎捕。

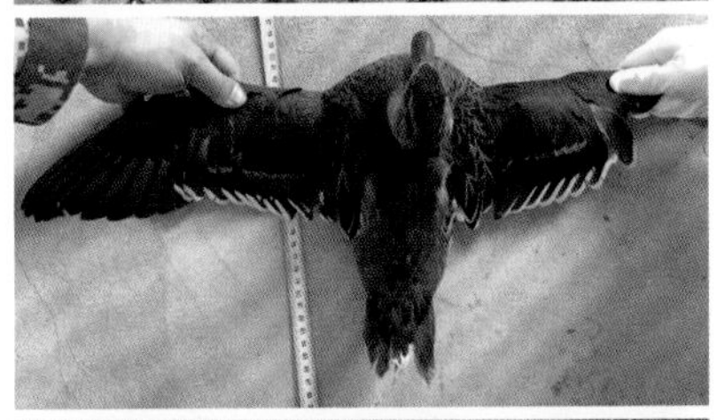

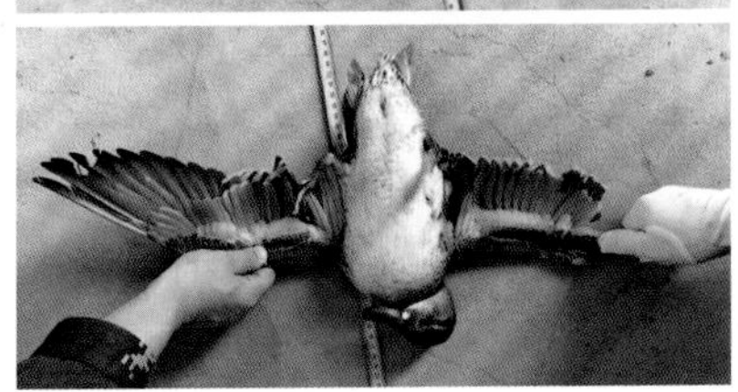

099 针尾鸭

■ *Anas acuta* 雁形目鸭科鸭属

有重要生态、科学、社会价值的陆生野生动物（“三有”动物）

形态特征：体长约55cm。雄鸟（夏羽）：头顶暗褐色，后颈中部黑褐色；头侧、颏、喉、前颈上部淡褐色；颈侧在黑褐色后颈与淡褐色前颈之间有一条白色宽带；背部满杂以暗褐色与灰白色相间的波状横斑；腰部褐色，杂以白色短斑；尾上覆羽与背同色，但具白色羽缘；翼镜铜绿色，前缘砖红色，后缘转为黑色；尾羽褐色，中央两枚尾羽特别延长；下体白色，腹部微杂以淡褐色波状细斑。雌鸟（夏羽）：头棕色，杂以黑色细纹；后颈暗褐色，有黑色小斑；上背和两肩杂有棕白色“U”形斑；下背和腰黑褐色，具灰白色横斑；下体白色，杂有暗褐色细斑；胸和上腹具淡褐色横斑；尾下覆羽白色；上嘴暗铅色、下嘴和嘴甲黑褐色。

常见交易类别：活体、死体。

常见非法利用形式：非法野外猎捕。

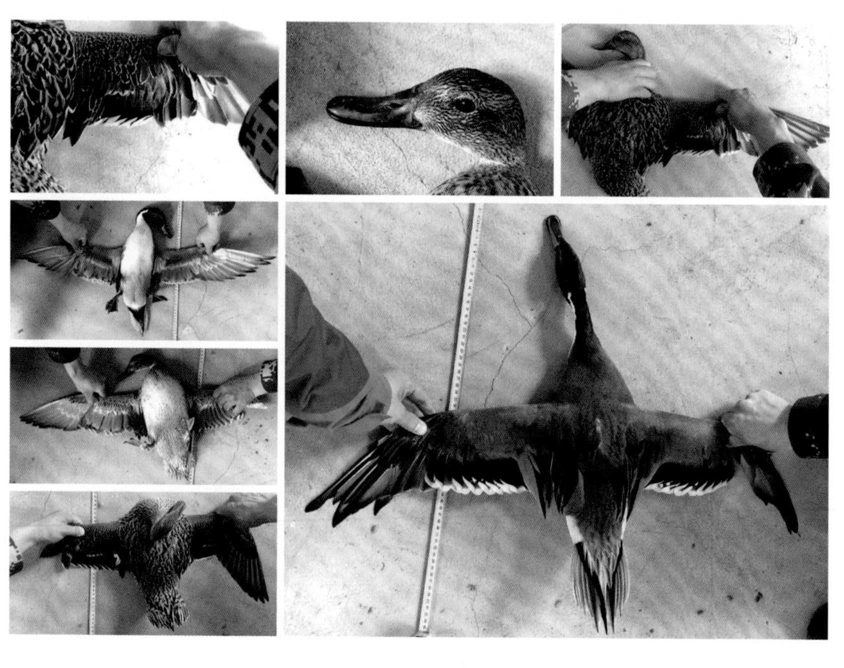

100 绿翅鸭

■ *Anas crecca* 雁形目鸭科鸭属

有重要生态、科学、社会价值的陆生野生动物（“三有”动物）

形态特征：体长约37cm。雄鸟（夏羽）：自眼周向后有宽阔的黑褐色，具绿色金属光泽的带纹，经过耳区而合并连于后颈基部；头、颈余部均为深栗色，仅颏及额基部黑褐色；上背、两肩的大部分和两胁均为黑白相间的虫蠹状细斑；下背和腰暗褐色，羽缘较淡；尾上覆羽黑褐色，具浅棕色羽缘；尾羽黑褐色；翼镜翠绿色；胸部棕白色，布满黑色小圆点；腹部棕白色；腹后部到尾末端有明显黄色斑。雌鸟上体暗褐色，具棕色或棕白色羽缘；下体白色或棕白色，杂以褐色斑点；下腹和两胁具暗褐色斑点；翼镜较雄鸟为小；尾下覆羽白色。

常见交易类别：活体、死体。

常见非法利用形式：非法野外猎捕。

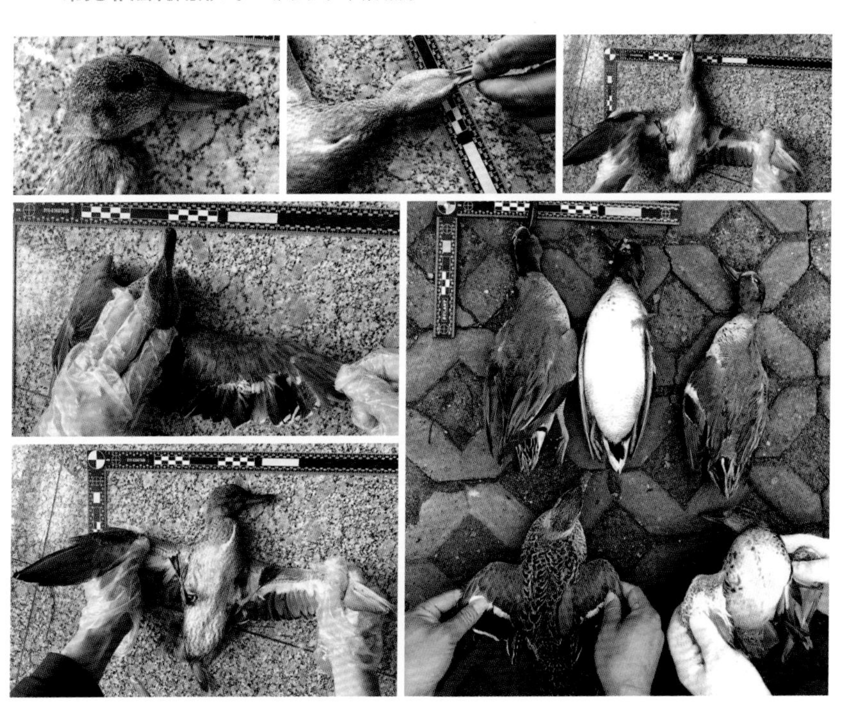

101 赤膀鸭

■ *Mareca strepera* 雁形目鸭科 *Mareca* 属

有重要生态、科学、社会价值的陆生野生动物（“三有”动物）

形态特征：体长约50cm。雄鸟（夏羽）：头部棕色，杂有黑褐色斑纹；头侧密布褐色斑；自嘴基到眼后有一条暗褐色贯眼纹；后颈、上背和两肩暗褐色；下背暗褐色，羽缘色浅；腰、尾侧、尾上和尾下覆羽黑色；尾羽灰褐色，具白色羽缘；两翼小覆羽和初级覆羽淡褐色，中覆羽棕栗色，外侧大覆羽亦为棕栗色，向内转为黑色；翼镜黑白二色；喉及前颈上部棕白色，有褐色斑；前颈下部和胸部暗褐色，杂有新月形白斑，呈鳞片状；腹部白色。雌鸟似雌性绿头鸭，但头部较扁，嘴侧橘黄色，腹部及次级飞羽白色。

常见交易类别：活体、死体。

常见非法利用形式：非法野外猎捕。

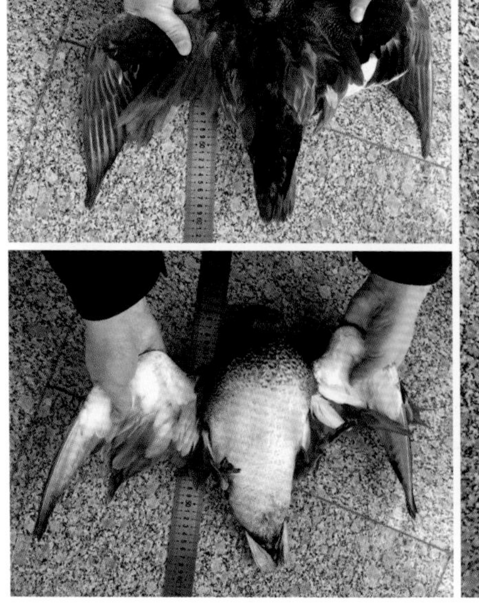

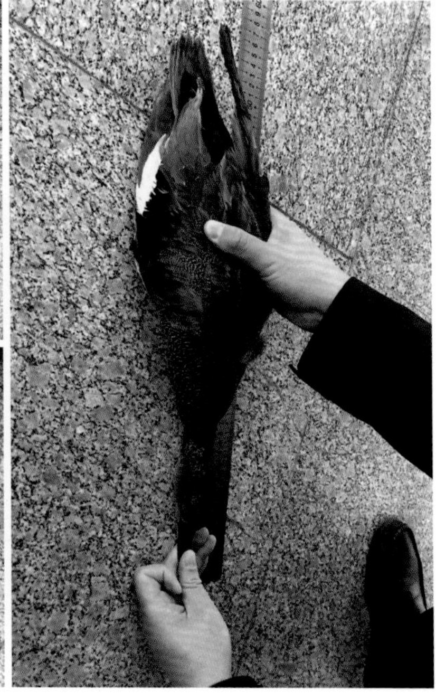

102 红头潜鸭

■ *Aythya ferina* **雁形目鸭科潜鸭属**

有重要生态、科学、社会价值的陆生野生动物（“三有”动物）

形态特征：体长约46cm。雄鸟头、颈部栗红色，颏具小块白斑；胸部和肩部黑色，其他部分大都为淡棕色；翼镜大部呈白色；尾下覆羽黑色。雌体大都呈淡棕色，翼灰色，腹部灰白色。

常见交易类别：活体、死体。

常见非法利用形式：非法野外猎捕。

103 白眼潜鸭

■ *Aythya nyroca* 雁形目鸭科潜鸭属

有重要生态、科学、社会价值的陆生野生动物（“三有”动物）

形态特征： 体长约41cm。雄鸟头、颈、胸部暗栗红色，眼圈白色，上腹和尾下覆羽白色，翼镜和翼下覆羽白色，两肋红褐色。雌鸟和雄鸟相似，但色较暗。

常见交易类别： 活体、死体。

常见非法利用形式： 非法野外猎捕。

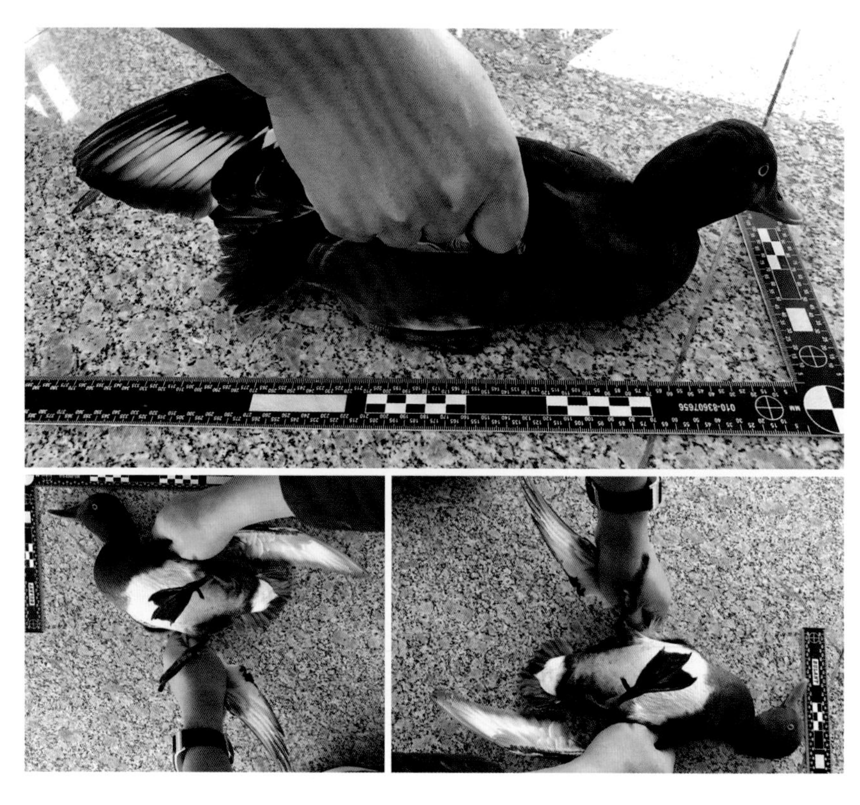

104 夜鹭

■ *Nycticorax nycticorax*　　鹈形目鹭科夜鹭属

有重要生态、科学、社会价值的陆生野生动物（“三有”动物）

形态特征：体长约61cm。额、眼先白色；头顶及枕部黑色，具辉绿光泽；后颈靠枕部具2枚白色带状羽；上背、肩羽暗褐色，并具辉绿光泽；上体余部、两翼、胁淡灰色；下体从颏到尾下覆羽白色；尾羽淡灰色。雌鸟较雄鸟小。幼鸟上体棕褐色，具淡黄色纵斑；肩羽、覆羽、翼羽先端均具三角形黄白色斑点；下体白色，具细的暗褐色纵纹。

常见交易类别：活体、死体。

常见非法利用形式：非法野外猎捕。

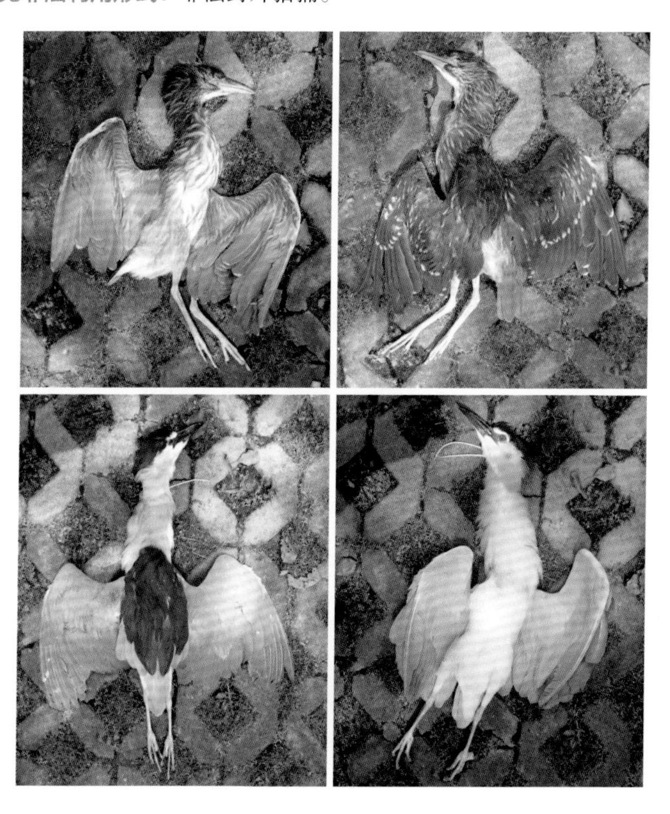

105 白鹭

■ *Egretta garzetta* 鹈形目鹭科白鹭属

有重要生态、科学、社会价值的陆生野生动物（“三有”动物）

形态特征：体长约60cm。雌雄羽色相似，全身纯白色。繁殖期颈背具细长饰羽，背、胸具蓑状羽。嘴及腿黑色，趾黄色。

常见交易类别：活体、死体。

常见非法利用形式：非法野外猎捕。

106 池鹭

■ *Ardeola bacchus*　　**鹈形目鹭科池鹭属**

有重要生态、科学、社会价值的陆生野生动物（“三有”动物）

形态特征：体长约47cm。雄鸟（夏羽）：头及颈部栗色，胸酱紫色，两翼白色。雌雄羽色相似，雌鸟色略浅。

常见交易类别：活体、死体。

常见非法利用形式：非法野外猎捕。

107 东方白鹳

■ *Ciconia boyciana* 鹳形目鹳科鹳属

国家一级保护野生动物

形态特征： 体长约105cm。嘴长而粗壮，黑色，基部深红色；眼周、喉部的裸露皮肤朱红色；体羽大都白色；大覆羽、初级覆羽、初级飞羽和次级飞羽为黑色，初级飞羽基部白色；前颈的下部有呈披针形的长羽；腿、脚甚长，为鲜红色。

常见交易类别： 活体、死体。

常见非法利用形式： 非法野外猎捕。

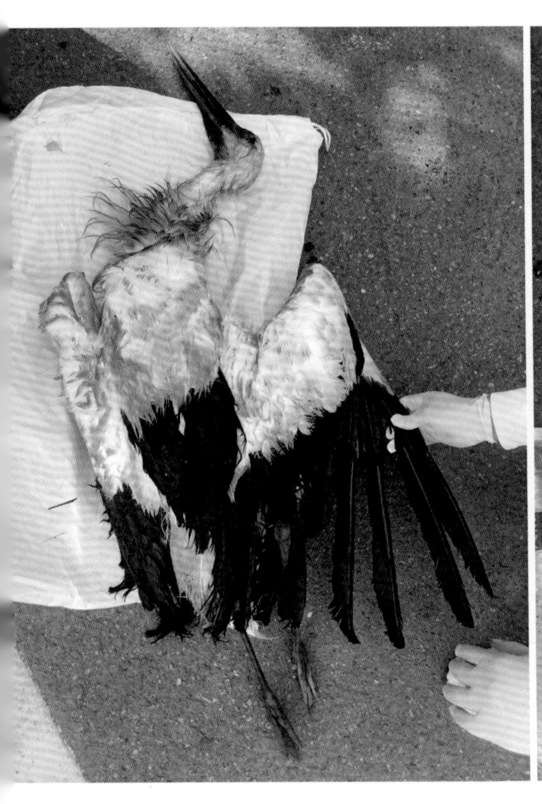

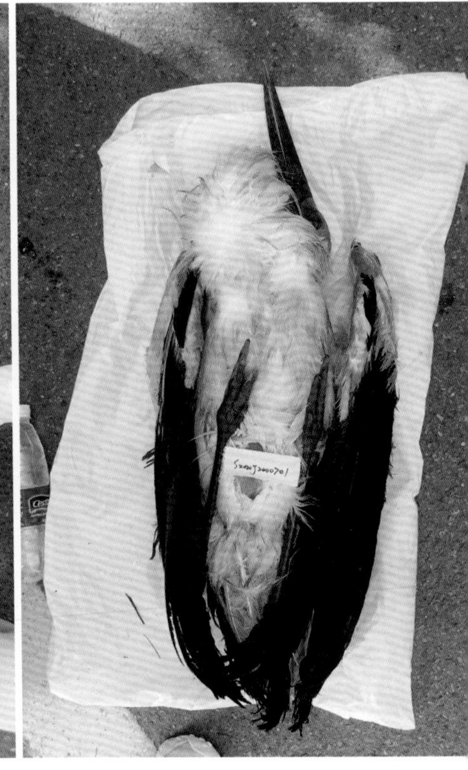

108 小䴙䴘

■ *Tachybaptus ruficollis* **䴙䴘目䴙䴘科小䴙䴘属**

有重要生态、科学、社会价值的陆生野生动物（“三有”动物）

形态特征： 体长约27cm。雌雄羽色相似。眼先、颊、颏、上喉黑色，耳部、颈侧棕栗色；上胸黑褐色，羽端灰白；下胸和腹部银白色；体侧上部黑褐色，下部棕黄色；翼黑褐色；嘴细窄；眼先裸露。

常见交易类别： 活体、死体。

常见非法利用形式： 非法野外猎捕。

109 普通鸬鹚

■ *Phalacrocorax carbo* 鲣鸟目鸬鹚科鸬鹚属

有重要生态、科学、社会价值的陆生野生动物（“三有”动物）

形态特征：体长约90cm。颊、颏、上喉部白色，呈半环形，其后缘稍染棕褐色；头、颈黑色，具金属紫色闪辉，并具白色丝状纤羽；肩、翼上覆羽暗棕色，羽缘蓝黑色；初级飞羽黑褐色；次级飞羽黑褐色，带绿色金属光泽；下体蓝黑色，具金属光泽；尾黑灰色，羽干基部白色；上嘴长于下嘴，先端钩状，褐色；下嘴白色；脚具全蹼，黑色。

常见交易类别：活体。

常见非法利用形式：非法人工饲养、非法野外猎捕。

110 环颈雉

■ *Phasianus colchicus*　　**鸡形目雉科雉属**

有重要生态、科学、社会价值的陆生野生动物（“三有”动物）（仅限野外种群）

形态特征： 体长约85cm。雄鸟头部具黑色光泽，具明显的耳羽簇，眼周裸皮鲜红色；肩背部黄铜色至古铜色，具白色鳞斑；两翼有明显灰色块；下背和腰灰绿或褐色；尾长且尖，深灰褐色，有明显黑色横带；下体深栗色偏黑，胸有紫色辉光；两胁更偏褐色且上部有白色，下部有黑色斑点。雌鸟较小，尾短且具深褐色带，肩背部、翼上覆羽和两胁具较多黑褐色鳞斑。有些亚种具白色颈圈。

常见交易类别： 活体、死体。

常见非法利用形式： 非法人工饲养、非法野外猎捕。

111 勺鸡

■ *Pucrasia macrolopha* 鸡形目雉科勺鸡属

国家二级保护野生动物

形态特征：体长约61cm。雄鸟头顶及冠羽近灰；喉、眼线、枕及耳羽簇呈金属绿色；颈侧白色；上背皮黄色；胸栗色；其他部位的体羽为长的白色羽毛，且具黑色矛状纹。雌鸟体小，具冠羽，但无长的耳羽束，体羽图纹与雄鸟同。

常见交易类别：活体、死体。

常见非法利用形式：非法野外猎捕。

112 灰胸竹鸡

■ *Bambusicola thoracicus*　　**鸡形目雉科竹鸡属**

有重要生态、科学、社会价值的陆生野生动物（"三有"动物）

形态特征：体长约33cm。雌雄羽色相似。额、眉线、颈项蓝灰色，与脸、喉及上胸的棕色成对比；上背、胸侧及两胁有月牙形的大块褐斑；外侧尾羽栗色。亚种*P. m. sonorivox*的整个脸，颈侧及上胸灰蓝，仅颏及喉栗色。

常见交易类别：活体、死体。

常见非法利用形式：非法野外猎捕。

113 白冠长尾雉

■ *Syrmaticus reevesii*　　鸡形目雉科长尾雉属

国家一级保护野生动物

形态特征：体长约180cm。头顶和领白色；黑色眼罩从喙延伸至枕部；上体覆羽金黄色而具黑色羽缘，呈鳞状排列；腹中部及股部覆羽黑色；尾羽超长，带有横斑尾羽（约1.5m）。雌鸟胸部具红棕色鳞状纹，尾远较雄鸟短。

常见交易类别：皮张、活体、死体、标本。

常见非法利用形式：非法野外猎捕。

114 红腹锦鸡

■ *Chrysolophus pictus*　　　　鸡形目雉科锦鸡属

国家二级保护野生动物

形态特征： 体长约98cm。头顶及背具金色丝状羽；枕部披风为金色并具黑色条纹；上背金属绿色，下体绯红；翼为金属蓝色，尾长而弯曲，中央尾羽金黑色而具皮黄色点斑，其余部位黄褐色。雌鸟体较小，上体黄褐色且密布黑色带状斑，下体淡皮黄色。

常见交易类别： 皮张、死体、活体、羽毛、标本。

常见非法利用形式： 非法野外猎捕。

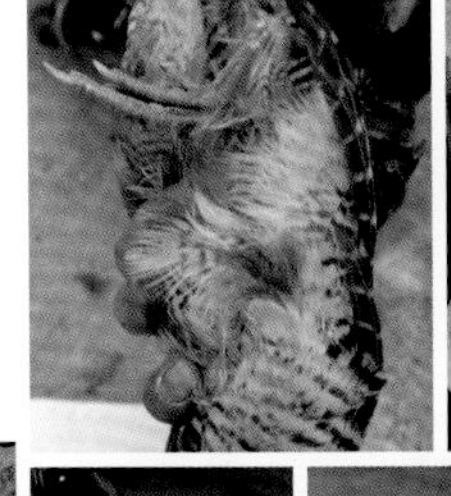

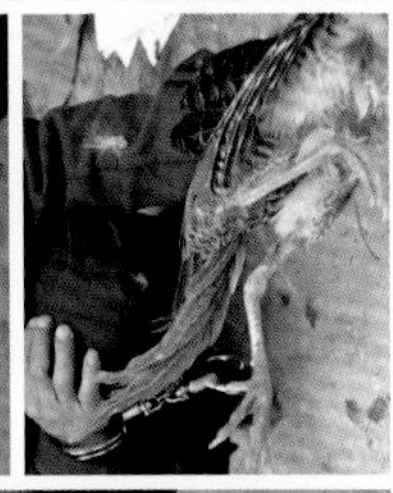

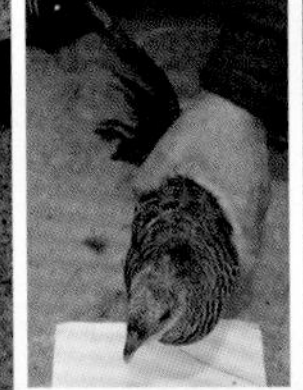

115 火斑鸠

■ *Streptopelia tranquebarica* 鸽形目鸠鸽科斑鸠属

有重要生态、科学、社会价值的陆生野生动物（“三有”动物）

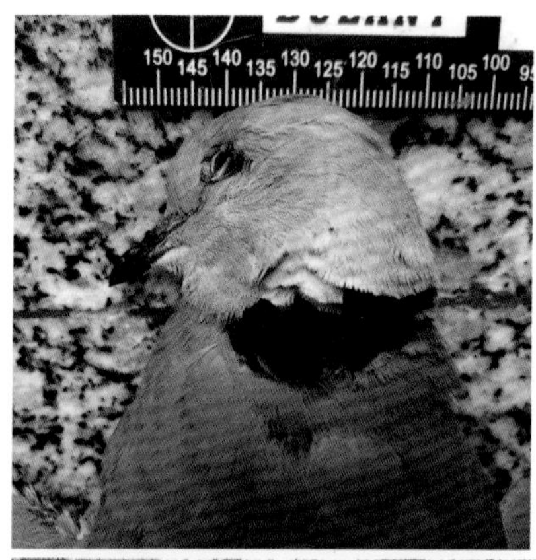

形态特征：体长约23cm。颈部具黑色半领圈，且羽前端白色；头部偏灰色，下体偏粉色，覆羽棕黄色；初级飞羽近黑色；尾羽青灰色，其羽缘和外侧尾羽的端部白色。雌鸟色较浅且暗，头暗棕色，体羽红色较少。

常见交易类别：死体、活体。

常见非法利用形式：非法野外猎捕。

116 山斑鸠

■ *Streptopelia orientalis* 　　鸽形目鸠鸽科斑鸠属

有重要生态、科学、社会价值的陆生野生动物（“三有”动物）

形态特征：体长约32cm。额和头顶蓝灰，后颈渲染葡萄红色；颈侧具黑白色条纹状斑块；上体淡褐色，羽缘微棕；下背和腰蓝灰色；尾上覆羽暗褐色，具蓝灰色羽端；尾羽具灰白色端斑，外侧尾羽端斑较宽；三级飞羽及覆羽具棕褐色羽缘，如鱼鳞状；下体多偏粉色。

常见交易类别：死体、活体。

常见非法利用形式：非法野外猎捕。

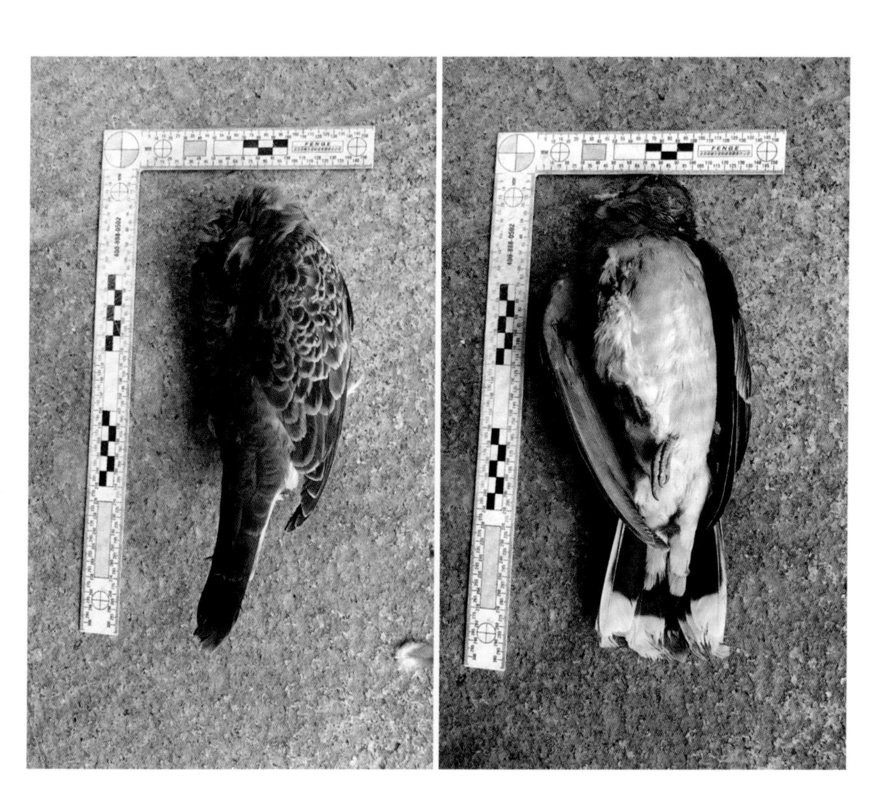

117 珠颈斑鸠

■ *Streptopelia chinensis* 鸽形目鸠鸽科斑鸠属

有重要生态、科学、社会价值的陆生野生动物（“三有”动物）

形态特征： 体长约30cm。头面部灰色；上、下体粉褐色；黑色带斑自颈侧延伸至颈后，密布白色斑点，幼鸟无；外侧尾羽端部白色甚宽。

常见交易类别： 死体、活体。

常见非法利用形式： 非法野外猎捕。

118 绿翅金刚鹦鹉

■ *Ara chloropterus*　　　　**鹦鹉目鹦鹉科金刚鹦鹉属**

《濒危野生动植物种国际贸易公约》（2023）附录Ⅱ物种

形态特征：体长约90cm。面部大部分裸露，仅覆盖红色条状羽毛。头、颈、胸、上背、腹部和小覆羽红色；飞羽、初级覆羽、大覆羽、尾上覆羽、尾下覆羽、臀部蓝色；中覆羽绿色；中央尾羽红色，端部蓝色。

常见交易类别：活体。

常见非法利用形式：非法人工饲养。

119 大绿金刚鹦鹉

■ *Ara ambiguus*　　鹦鹉目鹦鹉科金刚鹦鹉属

《濒危野生动植物种国际贸易公约》（2023）附录Ⅰ物种

形态特征：体长约85cm。面部裸露，仅覆盖黑色条状羽毛；额红色；头顶、颈、背、胸、腹绿色；飞羽蓝色；中央尾羽红色，端部蓝色。

常见交易类别：活体。

常见非法利用形式：非法人工饲养。

120 蓝黄金刚鹦鹉

■ *Ara ararauna* **鹦鹉目鹦鹉科金刚鹦鹉属**

《濒危野生动植物种国际贸易公约》(2023)附录Ⅱ物种

形态特征：体长约85cm。面部大部分裸露，仅覆盖黑色条状羽毛；额部为黄绿色，自额后至整个上体为翠蓝色；从耳的后部至胸部、腹部为橙黄色；翅膀和尾羽为紫蓝色。

常见交易类别：活体。

常见非法利用形式：非法人工饲养。

121 红肩金刚鹦鹉

■ *Diopsittaca nobilis* 鹦鹉目鹦鹉科红肩金刚鹦鹉属

《濒危野生动植物种国际贸易公约》(2023) 附录Ⅱ物种

形态特征：体长约30cm。面部裸露，为白色；额红色；体羽大都绿色；翼角红色。

常见交易类别：活体。

常见非法利用形式：非法人工饲养。

122 黑头凯克鹦鹉

■ *Pionites melanocephalus*　　鹦鹉目鹦鹉科凯克鹦鹉属

《濒危野生动植物种国际贸易公约》（2023）附录Ⅱ物种

形态特征： 体长约23cm。头顶黑色，眼下至喙基部绿色；颈橙黄色，其余上体绿色；胸、腹部白色或黄色；腿、尾下覆羽黄色。

常见交易类别： 活体。

常见非法利用形式： 非法人工饲养。

123 金头凯克鹦鹉

■ *Pionites leucogaster* 鹦鹉目鹦鹉科凯克鹦鹉属

《濒危野生动植物种国际贸易公约》（2023）附录Ⅱ物种

形态特征：体长约23cm。额、头顶、颈背部橙色，背、尾上覆羽绿色，胸部和腹部乳白色，腿、尾下覆羽黄色。

常见交易类别：活体。

常见非法利用形式：非法人工饲养。

124 非洲灰鹦鹉

■ *Psittacus erithacus*　　**鹦鹉目鹦鹉科非洲灰鹦鹉属**

《濒危野生动植物种国际贸易公约》（2023）附录Ⅰ物种

形态特征： 体长约33cm。眼睛周围具一狭长的白色裸皮；体羽大都为深浅不一的灰色，头、颈部羽毛具浅灰羽缘；尾羽鲜红色。

常见交易类别： 活体。

常见非法利用形式： 非法人工饲养。

125 大紫胸鹦鹉

■ *Psittacula derbiana* 鹦鹉目鹦鹉科鹦鹉属

国家二级保护野生动物

形态特征： 体长约41cm。雄鸟上嘴亮红色；头、胸蓝紫色，具黑色髭纹；眼周及额沾淡绿色，狭窄的黑色额带延伸至眼线；中央尾羽渐变为偏蓝色。雌鸟除上嘴为黑色外，其余体色类似于雄鸟。

常见交易类别： 活体。

常见非法利用形式： 非法人工饲养。

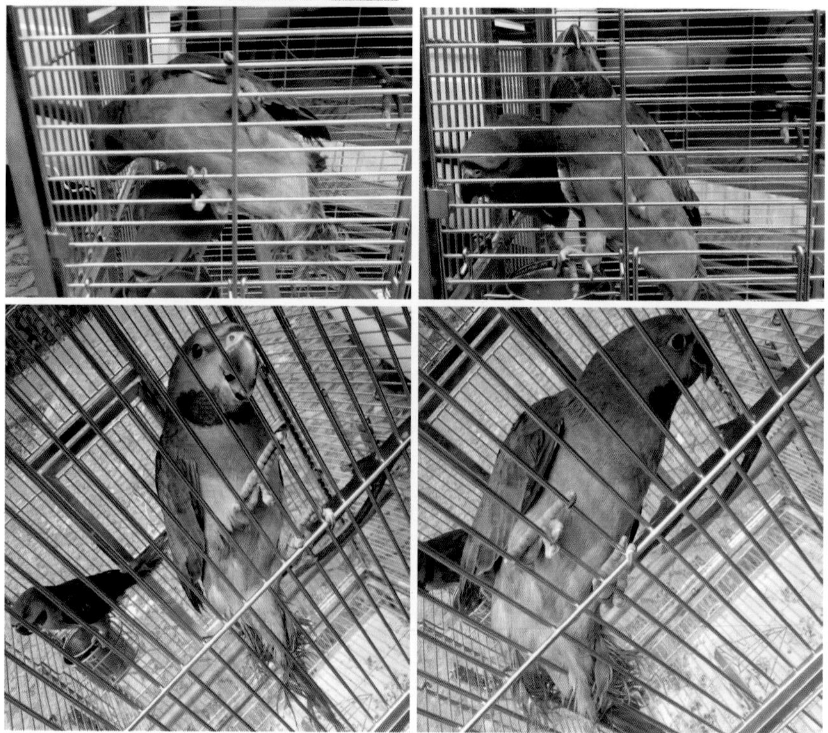

126 亚历山大鹦鹉

■ *Psittacula eupatria*　　**鹦鹉目鹦鹉科鹦鹉属**

《濒危野生动植物种国际贸易公约》(2023)附录Ⅱ物种

形态特征：体长约58cm。体羽大都绿色。脸颊下部和枕部染灰色。翼缘覆羽有醒目的红色。尾羽中间上方为绿底外加蓝绿色，端部黄色。雄鸟颏黑色，向颈侧延伸呈环状，至枕部变为粉色；雌鸟无此特征。喙深红色。

常见交易类别：活体。

常见非法利用形式：非法人工饲养。

127 红胁绿鹦鹉

■ *Eclectus roratus* 鹦鹉目鹦鹉科折衷鹦鹉属

《濒危野生动植物种国际贸易公约》(2023) 附录Ⅱ物种

形态特征： 体长约35cm。在所有鹦形目鸟类中，红胁绿鹦鹉的雌雄差异最为明显。雄鸟体羽大都绿色；两胁及翅膀内侧红色；上喙橙黄色，下喙黑色。雌鸟头及上胸红色，下胸、腹部蓝紫色，臀及尾下覆羽红色，喙黑色。

常见交易类别： 活体。

常见非法利用形式： 非法人工饲养。

128 太阳锥尾鹦鹉

■ *Aratinga solstitialis* **鹦鹉目鹦鹉科锥尾鹦鹉属**

《濒危野生动植物种国际贸易公约》（2023）附录Ⅱ物种

形态特征：体长约30cm。体羽大都橙黄色，羽色艳丽；脸颊及腹部橙红色，尾下覆羽绿色；大覆羽、飞羽翼以深绿色为主；眼周具白色裸皮。

常见交易类别：活体。

常见非法利用形式：非法人工饲养。

129 绿颊锥尾鹦鹉

■ *Pyrrhura molinae* 鹦鹉目鹦鹉科小锥尾鹦鹉属

《濒危野生动植物种国际贸易公约》（2023）附录Ⅱ物种

形态特征： 体长约30cm。亚种*P. m. sordida*前额、头顶、枕部以及耳羽为棕灰色；颈侧、喉、上胸部棕色；脸黄绿色；初级飞羽蓝色，次级飞羽及覆羽绿色；背、腰、尾上覆羽绿色；下腹部红棕色；尾羽红棕色；眼周裸皮白色。

常见交易类别： 活体。

常见非法利用形式： 非法人工饲养。

130 和尚鹦鹉

■ *Myiopsitta monachus*　　**鹦鹉目鹦鹉科僧鹦鹉属**

《濒危野生动植物种国际贸易公约》(2023)附录Ⅱ物种

形态特征： 体长约29cm。上体羽色几乎全为绿色；前额和胸部灰白色，胸部鳞状纹明显；腹部淡黄绿色；初级飞羽蓝色。

常见交易类别： 活体。

常见非法利用形式： 非法人工饲养。

131 东部玫瑰鹦鹉

■ *Platycercus eximius*　　鹦鹉目鹦鹉科玫瑰鹦鹉属

《濒危野生动植物种国际贸易公约》（2023）附录Ⅱ物种

形态特征：体长约30cm。颏、颊部形成白色羽区；额、头顶及上胸红色；枕部、背部黑色，羽缘黄色；下胸、腹部黄色；尾上覆羽黄绿色，尾下覆羽红色。

常见交易类别：活体。

常见非法利用形式：非法人工饲养。

132 黑翅鸢

■ *Elanus caeruleus*　　**鹰形目鹰科黑翅鸢属**

国家二级保护野生动物

形态特征：体长约30cm。眼先和眼上有黑斑，前额白色，到头顶逐渐变为灰色；后颈、背、肩、腰，一直到尾上覆羽蓝灰色；小覆羽、中覆羽黑色，大覆羽后缘、初级飞羽腹面黑色；中央尾羽灰色，两侧尾羽灰白色；下体和翅下覆羽白色；虹膜血红色。

常见交易类别：活体。

常见非法利用形式：非法野外猎捕、非法人工饲养。

133 苍鹰

■ *Accipiter gentilis* 鹰形目鹰科鹰属

国家二级保护野生动物

形态特征： 体长约56cm。雄性成鸟头侧黑褐色；眉纹白色；上体褐色或沾石板灰色；尾羽褐色，具4～5条暗褐色横斑，端斑白色、飞羽同背色；下体污白色，满布褐色较细的横斑和暗褐色细纵纹。雌性成鸟羽色与雄鸟形似，但色较暗，体较大。亚成体头背面只上背、颈侧暗褐色或黑褐，羽缘淡黄；背、肩和翼覆羽褐色；腰和下背羽缘有显著的棕黄色；飞羽褐色，具暗褐横斑和污白羽缘；头侧、颏、喉和下体黄白色，满布暗褐色羽干纹；尾下覆羽、覆腿羽具暗褐色羽干纹，较胸部细；尾灰褐色，具4条暗褐横斑。

常见交易类别： 活体。

常见非法利用形式： 非法野外猎捕、非法人工饲养。

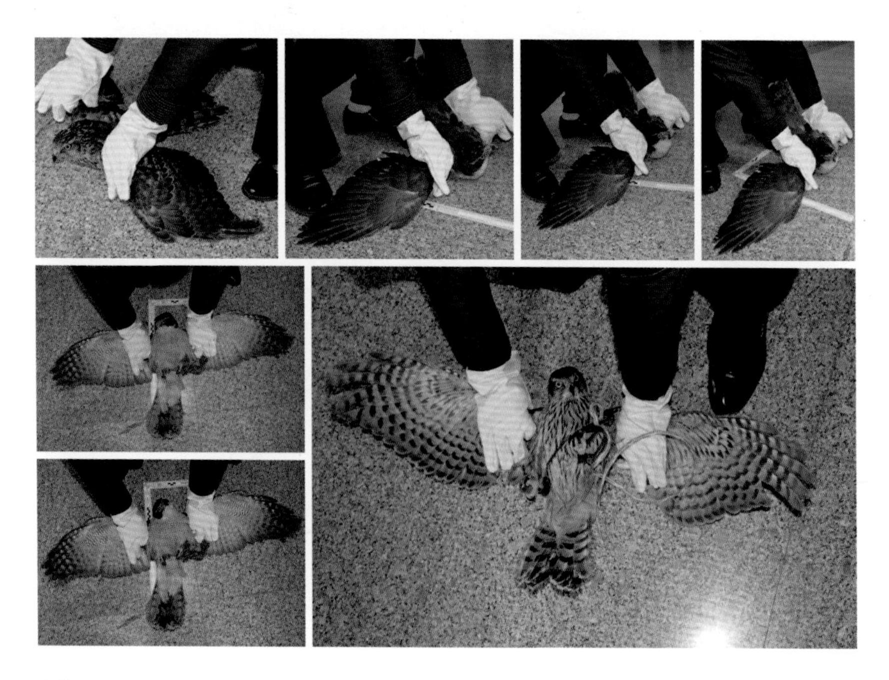

134 凤头鹰

■ *Accipiter trivirgatus*　　　　鹰形目鹰科鹰属

国家二级保护野生动物

形态特征：体长约42cm。雄性成鸟前额、头顶、枕灰黑色；脸和颈侧较淡，具黑色羽干纹；上体灰褐色；两翼及尾具横斑；下体棕色，胸部具白色纵纹；腹部及腿棕白色，具近黑色粗横斑。雌性成鸟和亚成鸟似雄性成鸟，但下体纵纹及横斑为褐色，上体褐色较淡。

常见交易类别：活体。

常见非法利用形式：非法野外猎捕、非法人工饲养。

135 雀鹰

■ *Accipiter nisus* 鹰形目鹰科鹰属

国家二级保护野生动物

形态特征： 雄鸟体长约32cm，雌鸟体长约38cm。头顶、枕和后颈青灰色，后颈羽基白色；背、肩、腰及尾上覆羽青灰色；尾羽仓灰色或灰褐色，有4～5道褐色横斑，尾端具污白或灰白色端斑；下体灰白或棕白；喉部具褐色羽干纹；胸和胁部具栗褐色横斑。雌鸟较雄鸟稍大，羽色较暗；头顶至后颈黑褐色；背、肩、腰和尾上覆羽灰褐色或褐色；飞羽暗褐色；尾羽褐色，具4～5条黑褐色横纹，羽缘白色；下体白色，胸、腹及两胁满布暗褐横斑，并缀翼棕色点斑。

常见交易类别： 活体。

常见非法利用形式： 非法野外猎捕、非法人工饲养。

136 松雀鹰

■ *Accipiter virgatus*　　鹰形目鹰科鹰属

国家二级保护野生动物

形态特征： 体长约33cm。雄性成鸟额、头顶、枕、后颈石板黑色；眼先、耳羽和颈侧棕灰色；肩羽有大型白斑；腰、肩和尾上覆羽为石板灰色；尾羽灰褐色，具4～5条黑色横斑；喉白色，具一条黑色喉中线，有黑色髭纹；胸、腹及两胁白沾棕，布以棕红色横斑；尾下覆羽白色，具乳黄色横斑。雌鸟成体较雄鸟大，上体色较雄鸟谈，胸、腹、两胁和覆腿羽有清晰的棕褐色横斑。

常见交易类别： 活体。

常见非法利用形式： 非法野外猎捕、非法人工饲养。

137 日本松雀鹰

■ *Accipiter gularis* 鹰形目鹰科鹰属

国家二级保护野生动物

形态特征：体长约27cm。外形甚似松雀鹰，但体更小。之前的分类中将其列为松雀鹰的北方亚种。雄性成鸟上体深灰色，尾灰色并具有深色带，胸浅棕色，腹部具非常细的羽干纹，无明显髭纹。雌鸟上体褐色，下体少棕色但具浓密的褐色横斑。

常见交易类别：活体。

常见非法利用形式：非法野外猎捕、非法人工饲养。

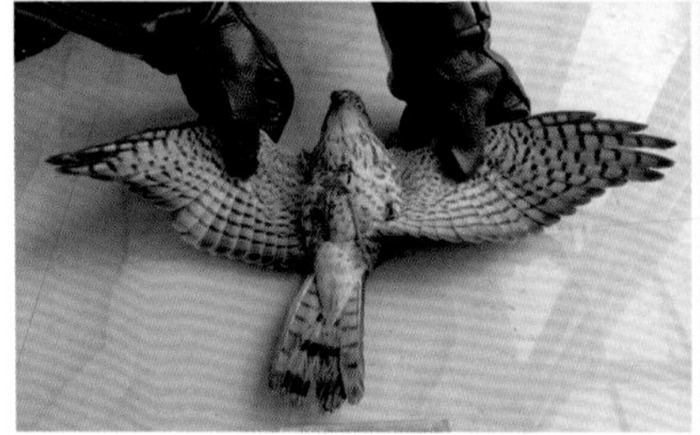

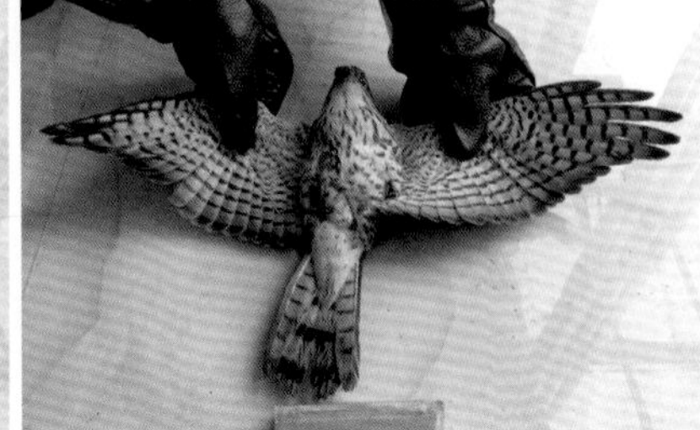

138 金雕

■ *Aquila chrysaetos* **鹰形目鹰科雕属**

国家一级保护野生动物

形态特征：体长约85cm。头具金色羽冠；枕和后颈羽毛尖锐，呈金黄色；嘴巨大；体羽大都为栗褐色，翅下有一白斑；腰部白色；下体几乎全为黑褐色；胁和腿覆羽栗色，有细纵纹；跗跖被有纤细棕褐色短羽。雌鸟体羽与雄鸟相似，但较暗淡。

常见交易类别：活体。

常见非法利用形式：非法野外猎捕、非法人工饲养。

139 大鵟

■ *Buteo hemilasius* 鹰形目鹰科鵟属

国家二级保护野生动物

形态特征： 体长约70cm。大鵟有深浅不一的色型；以中间型最为常见。上体和翼上覆羽大都褐色或暗褐色，羽干纹较为明显；背微具淡色羽缘；腰深褐色，尾上覆羽具棕白色斑纹和羽端；尾具4～8条褐色横斑或不规则的云状斑、点斑；腋羽和翼下中、小覆羽黄色而又杂棕褐斑，翼下初级覆羽形成显著的深褐色斑块；颏至前胸有显著的褐斑，下胸近白；腹白色且具褐斑；尾下覆羽乳白色且无斑；覆腿羽和跗跖羽褐色，微具淡色羽缘。

常见交易类别： 活体、标本。

常见非法利用形式： 非法野外猎捕、非法人工饲养。

140 红隼

■ *Falco tinnunculus*　　　　隼形目隼科隼属

国家二级保护野生动物

形态特征：体长约33cm。雄鸟头顶及颈背灰色；尾灰蓝色，无横斑，具宽阔次端斑；上体赤褐色，略具黑色横斑；下体皮黄色，具黑色纵纹。雌鸟体略大，上体全褐色，比雄鸟少赤褐色而多粗横斑。

常见交易类别：活体。

常见非法利用形式：非法野外猎捕、非法人工饲养。

141 游隼

■ *Falco peregrinus*

隼形目隼科隼属

国家二级保护野生动物

形态特征：体长约45cm。雄鸟头、后颈、颊和耳羽具黑色；髭纹黑色；上体余部及两翅内侧覆羽蓝灰色，具黑褐色横斑；尾蓝灰色，具黑色横斑；颏乳白色；胸至尾上覆羽满布黑色横斑。雌鸟似雄鸟，色较淡，体较大。

常见交易类别：活体。

常见非法利用形式：非法野外猎捕、非法人工饲养。

142 长耳鸮

■ *Asio otus*　　鸮形目鸱鸮科耳鸮属

国家二级保护野生动物

形态特征： 体长约36cm。雌雄羽色相似。眼周放射状羽毛形成完整的面盘；眼内侧及上缘有黑斑，其内侧的须状羽白色，眼外侧的放射状羽棕黄色；围绕面盘的翎领黑褐色，羽端具棕黄色横斑；耳突显著，长约50mm，位于头顶两侧；枕、后颈、上背褐羽干纹和棕黄羽缘相杂，微有点斑；尾上覆羽棕黄色，有褐色蠹状斑；尾羽棕黄色，有7道斑杂的横斑；颏白色；喉棕白色；胸棕黄色，具黑褐色羽干纹；腹棕黄色，羽端棕白色；尾下覆羽、跗跖和趾被羽棕黄色。

常见交易类别： 活体。

常见非法利用形式： 非法野外猎捕。

143 短耳鸮

■ *Asio flammeus* 鸮形目鸱鸮科耳鸮属

国家二级保护野生动物

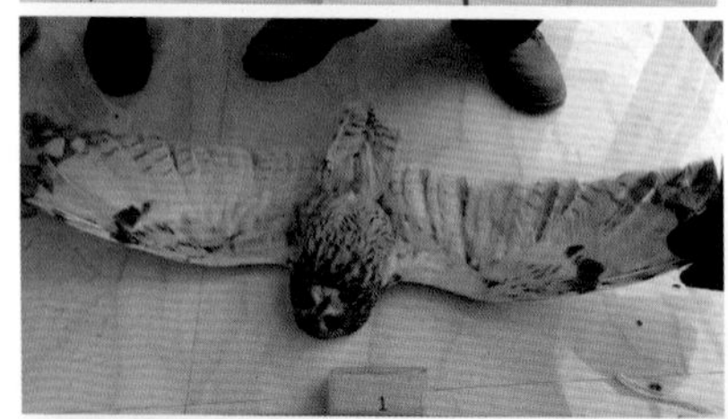

形态特征：体长约38cm。体稍大于长耳鸮，全身棕黄色杂以褐斑；眼周放射状羽毛形成完整面盘；眼内侧以白色为主，眼外侧多为黄色，均有黑色羽干纹；围眼黑环斑在眼内上角间断，在眼外侧宽阔；翎领黑褐色，羽端有棕黄色小斑点，自额向两侧延伸，围绕面盘外缘，在颏部左右连接；耳突短小，全长20mm左右；枕、颈、上背棕黄，有褐色羽干纹；下背黑褐斑较浓重；腰、尾上覆羽棕黄色，有不清晰的褐色羽缘斑；尾羽棕黄色，具5～6道横斑；腋羽和翼下覆羽淡棕黄色；颏白色；胸以后为棕黄色，褐色的皱纹由胸到腹逐渐变细。

常见交易类别：活体。

常见非法利用形式：非法野外猎捕。

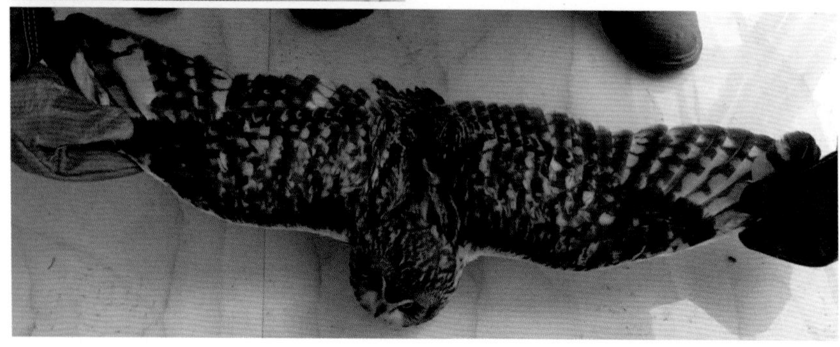

144 领角鸮

■ *Otus lettia*　　鸮形目鸱鸮科角鸮属

国家二级保护野生动物

形态特征：体长约24cm。具明显的耳突及特征性的浅沙色项圈；上体呈斑驳浅黄褐色，具点斑，带有黑色和浅黄色，以及浅灰黄色（灰褐色变种）或棕褐黄色（红褐色变种）；下体呈浅棕色，带有小箭头状或轴状条纹。

常见交易类别：活体。

常见非法利用形式：非法野外猎捕。

145 红角鸮

■ *Otus sunia*　　鸮形目鸱鸮科角鸮属

国家二级保护野生动物

形态特征：体长约19cm。具有灰色型（常见）和棕色型（少见）的小型角鸮，耳突明显。面盘灰色，边缘深色，具白色眉纹。灰色型整体浅至暗灰褐色，头顶具黑色斑点，上背有明显黑色纵纹；肩羽上的白色大斑点形成明显的条带，初级飞羽上也具有白色斑点；下体灰褐色，杂有明显深色的蠹状纵纹。棕色型为红褐色，肩羽上的浅色条带更为醒目。

常见交易类别：活体。

常见非法利用形式：非法野外猎捕。

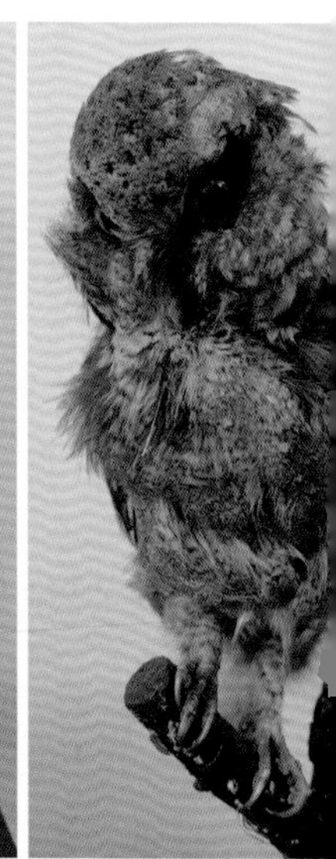

146 戴胜

■ *Upupa epops*　　**犀鸟目戴胜科戴胜属**

有重要生态、科学、社会价值的陆生野生动物（“三有”动物）

形态特征：体长约30cm。羽冠淡棕栗色，各羽先端黑色，后头的冠羽在黑端下更有白斑；胸部还沾淡葡萄酒色；上背和翼上小覆羽为棕褐色；下背和肩羽黑褐色，杂以棕白色的羽端和羽缘；腰白色；尾羽黑色，各羽中部向两侧至近端部有一白斑相连成一弧形横带；初级飞羽（除第1枚外）近端处具一列白色横斑，次级飞羽具多列白色横斑；腹及两胁由淡葡萄棕色转为白色，并杂有褐色纵纹，至尾下覆羽全为白色；虹膜褐色至红褐色；嘴黑色，基部呈淡铅紫色；脚铅黑色。

常见交易类别：死体、活体。

常见非法利用形式：非法野外猎捕。

147 猕猴

■ *Macaca mulatta*　　灵长目猴科猕猴属

国家二级保护野生动物

形态特征： 拇指和其他指相对，掌心裸出，指、趾均具甲；脸部裸露、无毛；尾较长，约为体长之半；头顶无毛旋；身上大部分毛色为灰黄色或灰褐色，腰部以下为橙黄色，腹面淡灰黄色。

常见交易类别： 活体。

常见非法利用形式： 非法人工养殖。

148 倭蜂猴

■ *Nycticebus pygmaeus*　　　　灵长目懒猴科蜂猴属

国家一级保护野生动物

形态特征：拇指和其他指相对，掌心裸出，指、趾均具甲；体呈圆筒状，背毛棕黄色，腹毛灰白色；头圆眼大，眼圈具棕褐色环；背脊中央有棕褐色条纹；鼻子、耳郭、掌和足皮肤黑色；尾极短，隐藏于毛被之中。

常见交易类别：活体。

常见非法利用形式：非法人工养殖。

149 北豚尾猴

■ *Macaca leonina* **灵长目猴科猕猴属**

国家一级保护野生动物

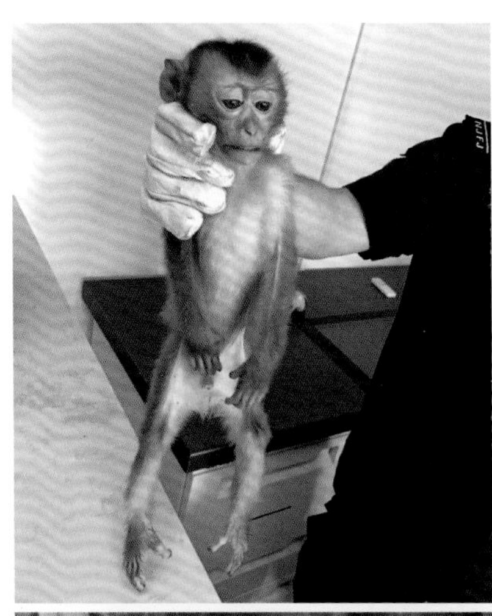

形态特征：拇指和其他指相对，掌心裸出，指、趾均具甲；全身呈棕色，头顶有平齐的黑褐色短毛；尾短而细；腹毛灰白色。

常见交易类别：活体。

常见非法利用形式：非法人工养殖。

150 食蟹猴

■ *Macaca fascicularis*　　　　**灵长目猴科猕猴属**

《濒危野生动植物种国际贸易公约》(2023)附录Ⅱ物种

形态特征： 拇指和其他指相对，掌心裸出，指、趾均具甲；头顶无毛旋，脸部裸露无毛；耳直立；鼻子较平坦，鼻孔窄；脸肉粉色；背部毛色灰褐色，腹面浅灰色；尾长约等于体长。

常见交易类别： 活体。

常见非法利用形式： 非法人工养殖。

151 侏儒狨

■ *Callithrix pygmaea* 灵长目狨科狨属

《濒危野生动植物种国际贸易公约》(2023)附录Ⅱ物种

形态特征：体较小，一般只有成人手掌大小；体毛黄褐色，具斑点；头部的毛较长，覆盖耳朵；脸部有一片呈3裂状明显的无毛区域；尾长，末端多具长毛，分布有不明显的环纹；后肢比前肢长。

常见交易类别：活体。

常见非法利用形式：非法人工养殖。

152 穿山甲

■ *Manis pentadactyla*　　**鳞甲目鲮鲤科穿山甲属**

国家一级保护野生动物

形态特征： 体形狭长，背面略隆起；头呈圆锥状，眼小，吻尖；四肢粗短，具爪，且前爪发达；体被覆瓦状排列的角质鳞片；尾扁平而长，且上下均有角质鳞片；尾端腹面中线无鳞片，尾侧缘鳞片14 ~ 20枚；体背侧鳞15 ~ 18列；尾长20 ~ 40cm。

常见交易类别： 死体、胴体、甲片制品。

常见非法利用形式： 非法野外猎捕。

153 貉

■ *Nyctereutes procyonoides* 食肉目犬科貉属

国家二级保护野生动物（仅限野外种群）

形态特征： 背毛棕灰色，混有黑色毛尖；额及吻部白色，眼周黑色，颊部毛稍长；四肢黑色，较短；尾巴长而蓬松。

常见交易类别： 死体、皮制品。

常见非法利用形式： 非法人工养殖、非法野外猎捕。

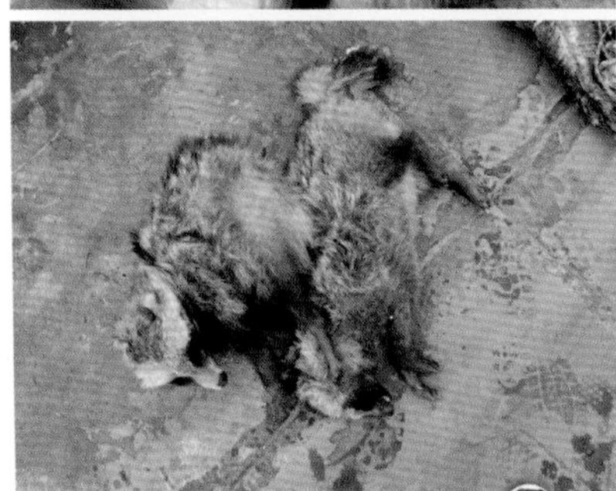

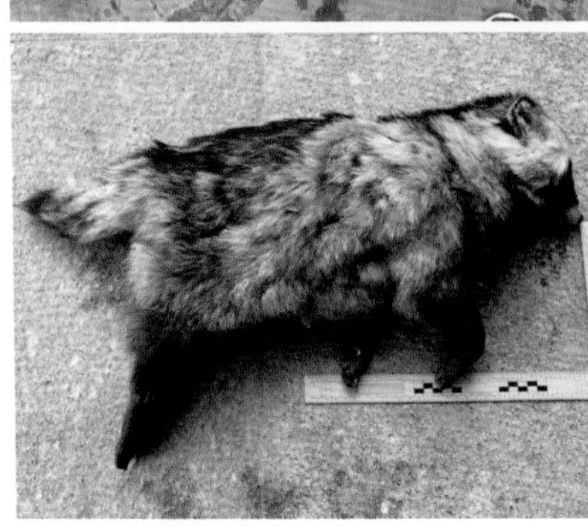

154 黑熊

■ *Ursus thibetanus*　　**食肉目熊科熊属**

国家二级保护野生动物

形态特征： 体毛黑亮较硬；下颏白色，胸部有一块“V”字形白斑；头圆，耳朵和眼睛较小，吻短而尖，鼻端裸露；掌心裸出，其掌均具有5指（趾）；指、趾端均具不能伸缩的爪。

常见交易类别： 熊掌制品、熊牙制品。

常见非法利用形式： 非法人工养殖。

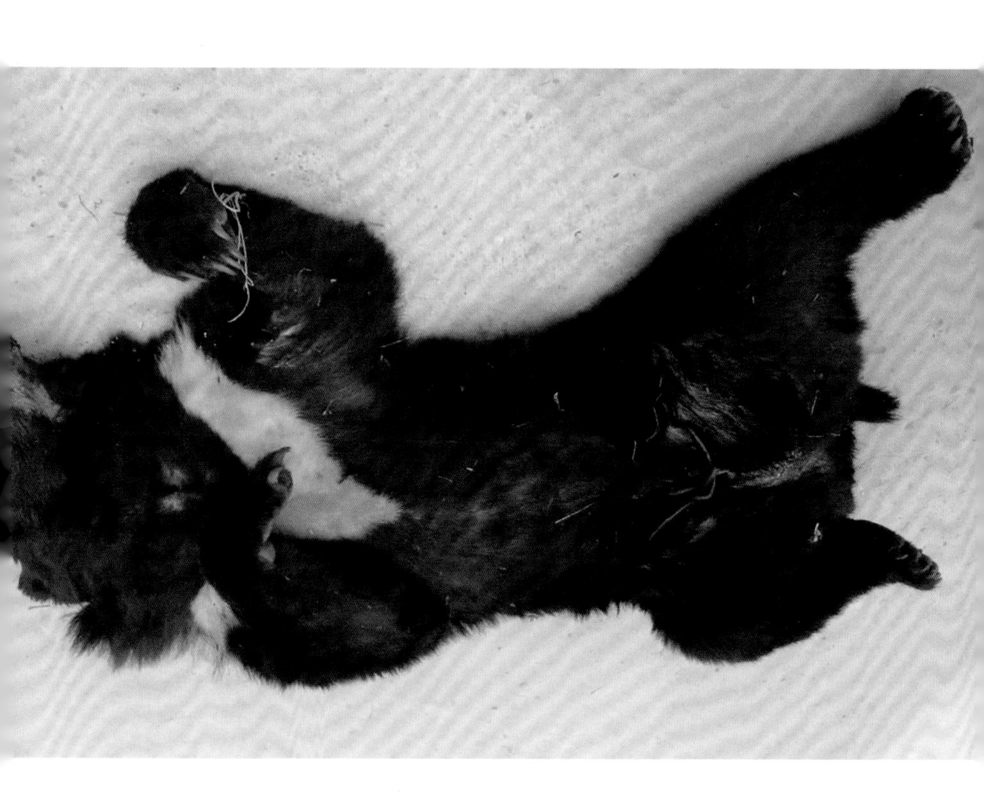

155 黄喉貂

■ *Martes flavigula* 食肉目鼬科貂属

国家二级保护野生动物

形态特征：体形细长；头较尖细，腿较短；头、颈背部、四肢及尾巴为暗棕色至黑色；喉胸部毛色鲜黄。

常见交易类别：皮制品、活体。

常见非法利用形式：非法野外猎捕。

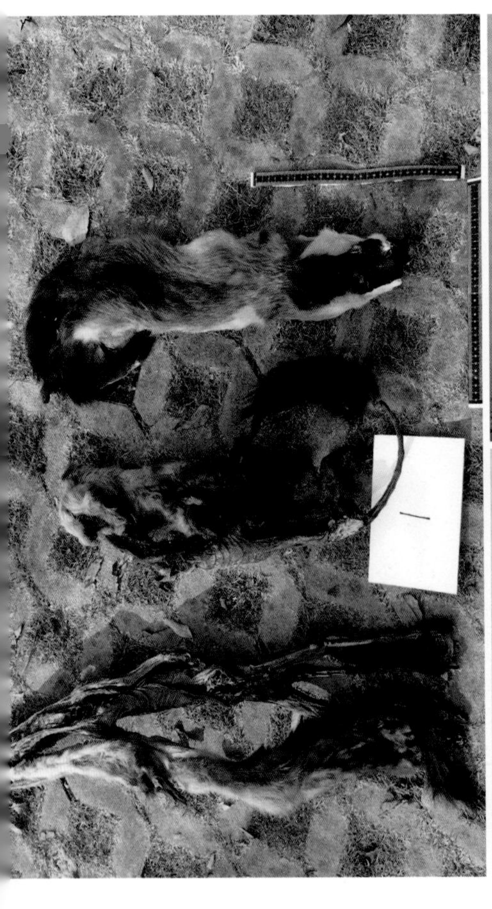

156 鼬獾

■ *Melogale moschata*　　　　**食肉目鼬科鼬獾属**

有重要生态、科学、社会价值的陆生野生动物（“三有”动物）

形态特征： 头及面部具有白斑，头顶至颈背有一条白色的纵纹；背毛灰棕色；脚短，具利爪；尾毛短，尾长约为身长一半。

常见交易类别： 皮制品、活体。

常见非法利用形式： 非法野外猎捕。

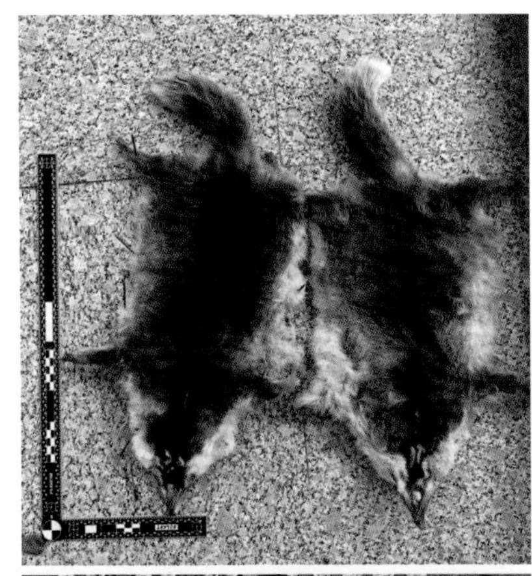

157 黄鼬

■ *Mustela sibirica* **食肉目鼬科鼬属**

有重要生态、科学、社会价值的陆生野生动物（“三有”动物）

形态特征：体较小，身体修长，四肢短；上下唇白色，眼周围暗褐色；全身棕黄色，腹面与背面毛颜色无明显的分界线；尾长约为体长之半，尾毛较蓬松。

常见交易类别：皮制品、死体。

常见非法利用形式：非法野外猎捕。

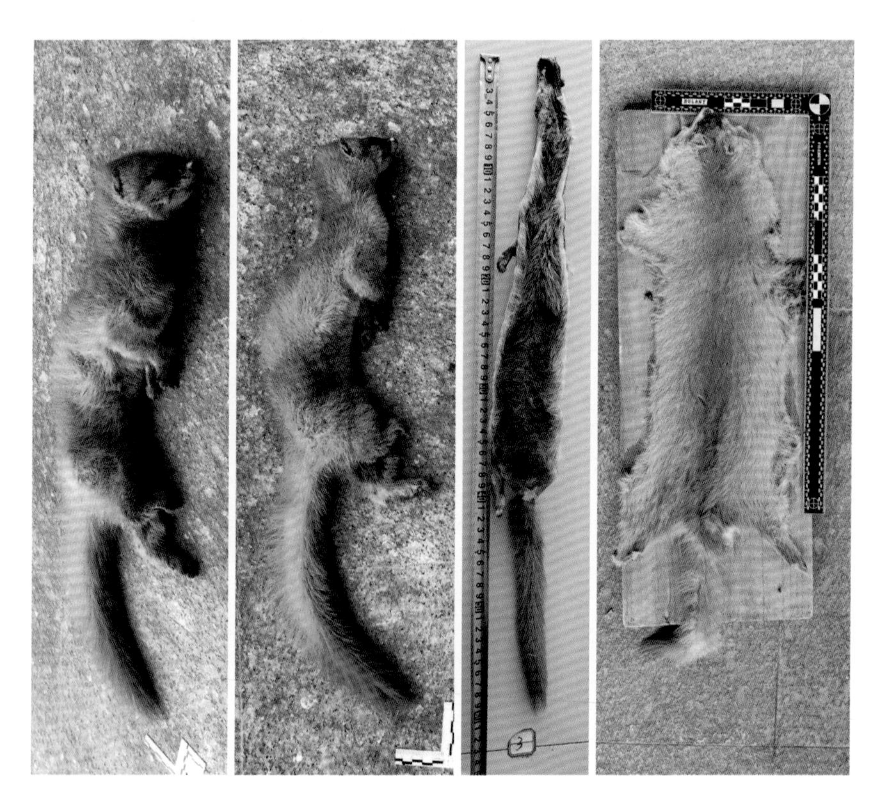

158 猪獾

■ *Arctonyx collaris*　　　　食肉目鼬科猪獾属

有重要生态、科学、社会价值的陆生野生动物（“三有”动物）

形态特征：背毛黑褐色，体背两侧杂有灰白色；颊部的黑褐色条纹自吻端延伸到耳后；眼小，耳短圆，吻鼻部裸露突出。

常见交易类别：活体、死体、皮制品。

常见非法利用形式：非法人工养殖、非法野外猎捕。

159 果子狸

■ *Paguma larvata* 食肉目灵猫科花面狸属

有重要生态、科学、社会价值的陆生野生动物（“三有”动物）（仅限野外种群）

形态特征：体毛短粗，灰褐色；头、颈、四肢末端及尾后部为黑色；从前额到鼻垫有一条明显的白色中央纵纹；四肢短壮，尾长。

常见交易类别：活体。

常见非法利用形式：非法人工养殖、非法野外猎捕。

160 豹猫

■ *Prionailurus bengalensis*　　**食肉目猫科豹猫属**

国家二级保护野生动物

形态特征： 头顶具有4条黑褐色条纹；背毛淡棕黄色，布满棕褐色至淡褐色斑点；腹毛色淡，偏白色；两眼内缘向上各有一条白纹，耳背具有淡黄色斑；尾背有褐色环状斑纹。

常见交易类别： 活体、皮制品。

常见非法利用形式： 非法人工养殖、非法野外猎捕。

161 林麝

■ *Moschus berezovskii*　　偶蹄目麝科麝属

国家一级保护野生动物

形态特征：毛深橄榄褐色，成体颈侧无斑点；颌部具奶黄色条纹，喉侧面的奶油色色斑连接在一起形成两条奶油色色带，由颈的前面向下到胸部，而在颈的中上部则是与之相对照的深褐色宽带；颈背毛无旋涡状，耳尖黑色，耳边缘白色或黄色；肩高小于50cm。

常见交易类别：死体、麝香囊制品。

常见非法利用形式：非法人工养殖、非法野外猎捕。

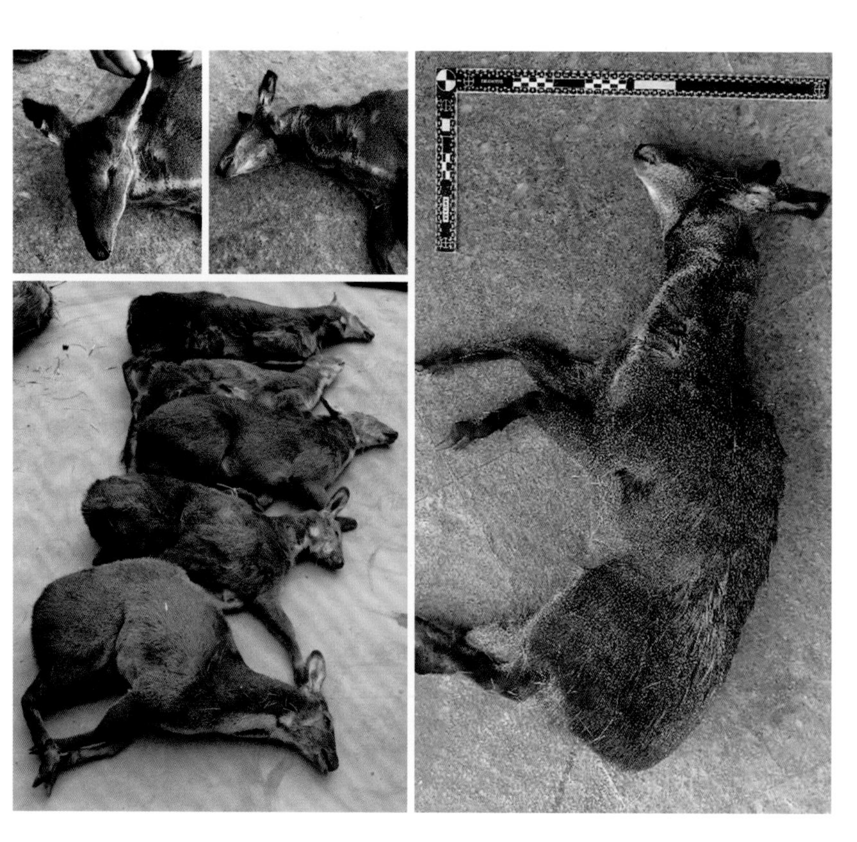

162 獐

■ *Hydropotes inermis*　　**偶蹄目鹿科獐属**

国家二级保护野生动物

形态特征：全身毛呈枯草黄色，浓密粗长；颏、喉及腹毛偏白色；无额腺，眶下腺小而不明显；耳较大，尾极短；雌雄均无角，雄性具有发达的獠牙。

常见交易类别：死体。

常见非法利用形式：非法人工养殖、非法野外猎捕。

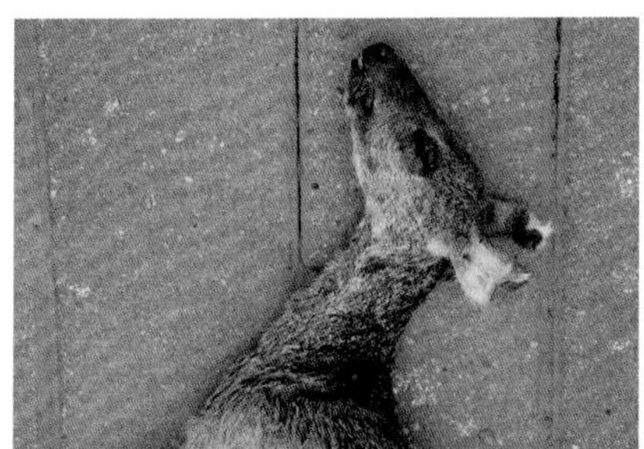
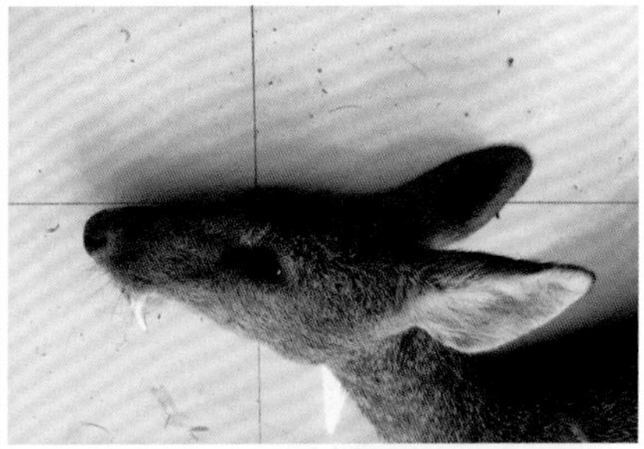

163 小麂

■ *Muntiacus reevesi*　　偶蹄目鹿科麂属

有重要生态、科学、社会价值的陆生野生动物（“三有”动物）

形态特征：体毛呈红胡桃色，额部红褐色，在颈背中央有一条黑色条纹；颏、喉至腹面为白色；尾下白色，四肢黑褐色；具有额腺，眶下腺大；雄性角二叉，角基沿额骨两侧突起成棱脊。

常见交易类别：死体、角制品。

常见非法利用形式：非法人工养殖、非法野外猎捕。

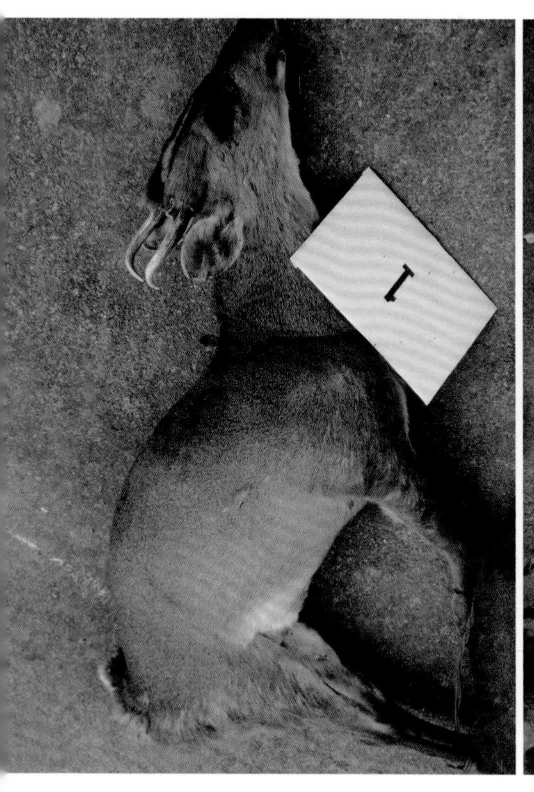

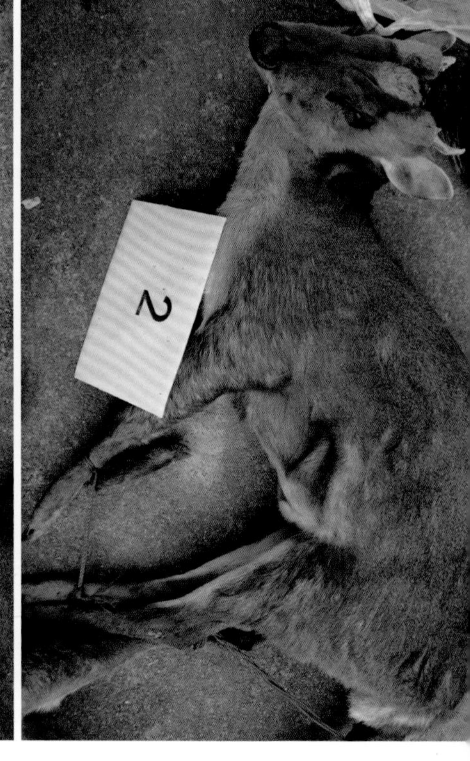

164 狍

■ *Capreolus pygargus*　　偶蹄目鹿科狍属

有重要生态、科学、社会价值的陆生野生动物（“三有”动物）

形态特征：体被毛黄棕色，腹毛白色；眼大，有眶下腺；鼻端黑色，鼻吻裸出无毛；耳大，耳内淡黄色，耳尖黑色；颈和四肢较长，蹄狭长；尾短，淡黄色，臀部有白色斑块。角较小，分为3枝；角表面多瘤状结节；主干离基部约9cm处向前分出一枝，主干继续向上生长，向后再分一枝。

常见交易类别：死体、角制品。

常见非法利用形式：非法人工养殖、非法野外猎捕。

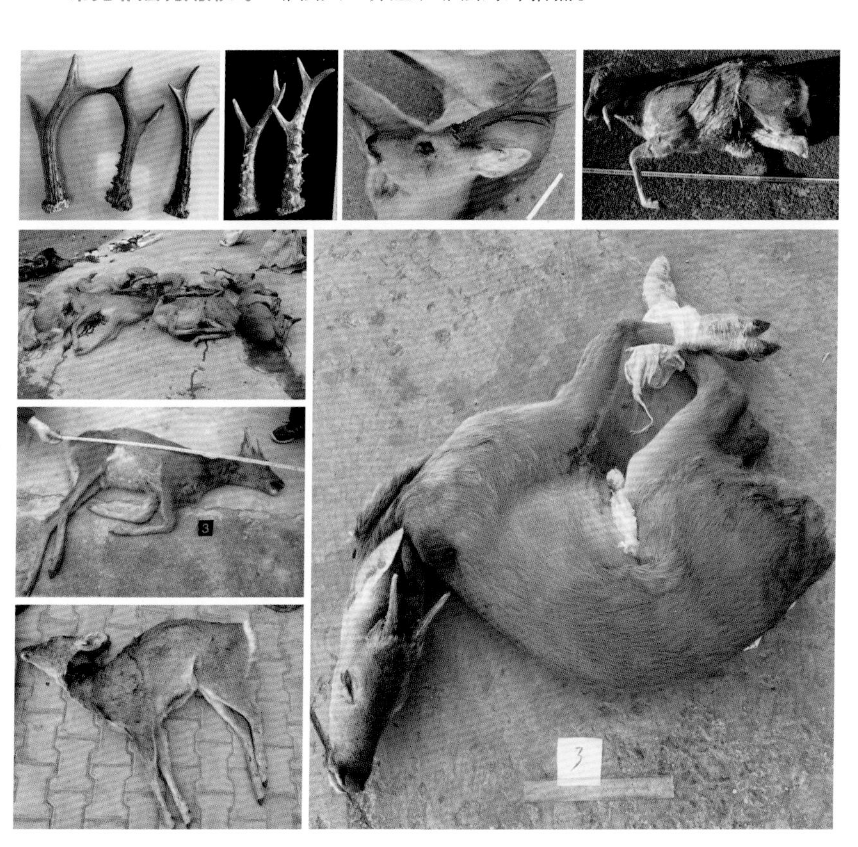

165 鹅喉羚

■ *Gazella subgutturosa* 偶蹄目牛科羚羊属

国家二级保护野生动物

形态特征：身体背面为棕灰色至沙黄色，腹面和四肢内侧为白色，在体侧下方背腹之间具清晰的毛色分界线；额部有明显的棕褐色斑块；尾长，色深，具明显的白色臀斑；幼崽在鼻梁、口角至两眼间有3条黑褐色长纹，至老年期消失；雌雄均有角，雄性角更长；角略微后弯，角尖向上向内弯曲，角表面有粗大明显的棱环。

常见交易类别：死体。

常见非法利用形式：非法野外猎捕。

166 中华斑羚

■ *Naemorhedus griseus*　　**偶蹄目牛科斑羚属**

国家二级保护野生动物

形态特征：趾端具偶数蹄；体被棕褐色毛，颈部有短鬃毛；角光滑呈黑色，末端较尖无分叉，平行而稍呈弧形往后伸展，角基部具有环状的棱及不规则的纵行沟纹；自枕、颈沿背脊有一条黑褐色带；吻鼻部黑色，吻端裸露，喉部具浅色斑；两只耳朵狭长，端部较尖；尾具丛毛，呈棕黑色。

常见交易类别：死体。

常见非法利用形式：非法野外猎捕。

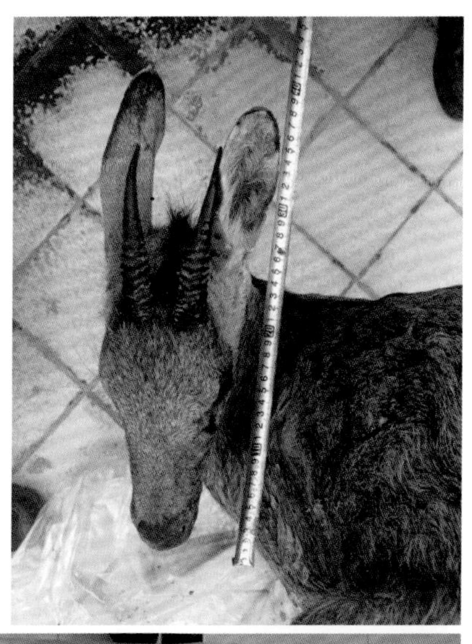

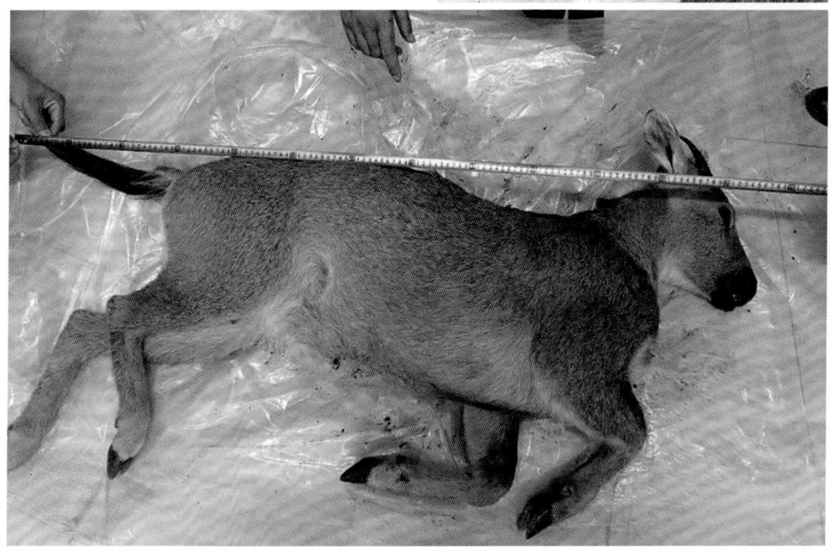

167 蒙原羚（原称黄羊）

■ *Procapra gutturosa* 偶蹄目牛科原羚属

国家一级保护野生动物

形态特征：颈、体背及腿外侧为灰褐色，胸、腹部及腿内侧为乳白色；四肢细长，蹄狭窄；前额高突，吻部短宽，嘴唇黑色，颌下白色；尾巴较短，臀部具白色的斑；雄性具角，角为黑色较短，具有环棱，两角几乎平行向上，到角尖向两侧分开。

常见交易类别：死体、角制品。

常见非法利用形式：非法野外猎捕。

168 野猪

■ *Sus scrofa*　　偶蹄目猪科猪属

形态特征： 体色灰黑色，背脊鬃毛长而硬；体躯健壮，四肢粗短；头较长，耳小并直立；吻部较为突出，似圆锥体；犬齿发达外露，呈獠牙状。

常见交易类别： 死体、牙制品。

常见非法利用形式： 非法人工养殖、非法野外猎捕。

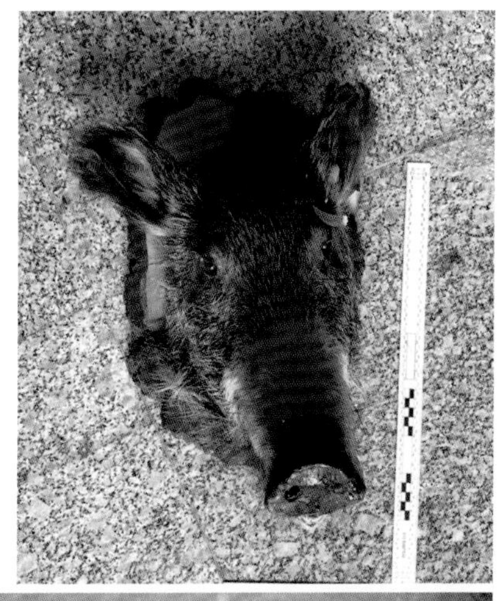

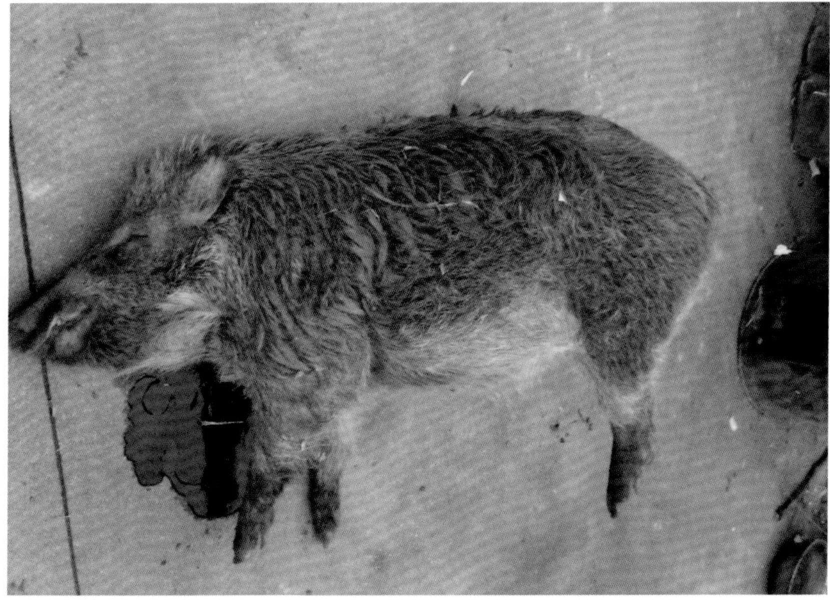

169 蒙古兔

■ *Lepus tolai* 兔形目兔科兔属

有重要生态、科学、社会价值的陆生野生动物（“三有”动物）

形态特征：体背为黄褐色，腹面白色；上唇中央纵裂；耳中等长，耳尖暗褐色；尾的背面为黑褐色，两侧及尾下白色。

常见交易类别：死体。

常见非法利用形式：非法野外猎捕。

170 华南兔

■ *Lepus sinensis* **兔形目兔科兔属**

有重要生态、科学、社会价值的陆生野生动物（“三有”动物）

形态特征：体背黄褐色，具有黑色毛尖；体侧浅黄色，腹面淡黄色；上唇中央纵裂；耳中等长，呈棕黄色，耳尖有黑色三角斑纹；尾较短，尾背面棕褐色，中央毛色较黑，腹面淡黄色。

常见交易类别：死体。

常见非法利用形式：非法野外猎捕。

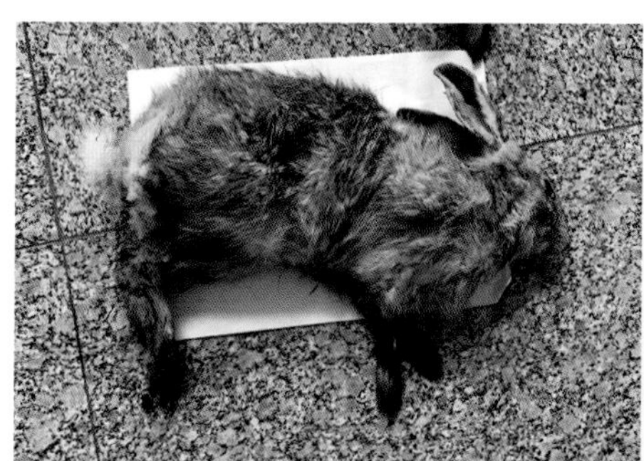
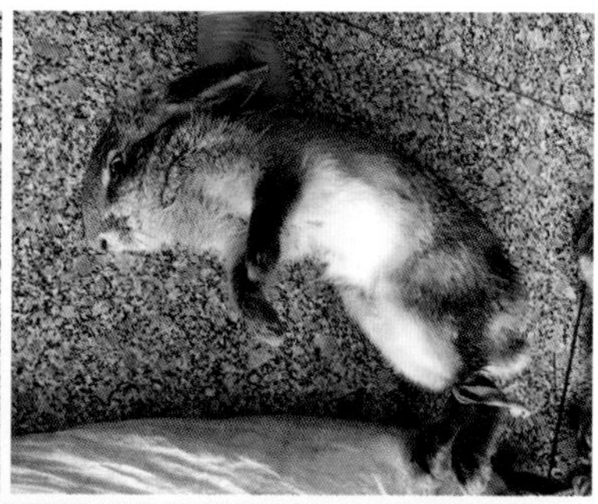

171 雪兔

■ *Lepus timidus* 兔形目兔科兔属

国家二级保护野生动物

形态特征：上唇中央纵裂；冬毛长而密，通体白色，仅耳尖和眼周黑褐色；尾巴短小；夏毛棕色、淡棕色或红棕色（耳尖黑色）。

常见交易类别：死体。

常见非法利用形式：非法野外猎捕。

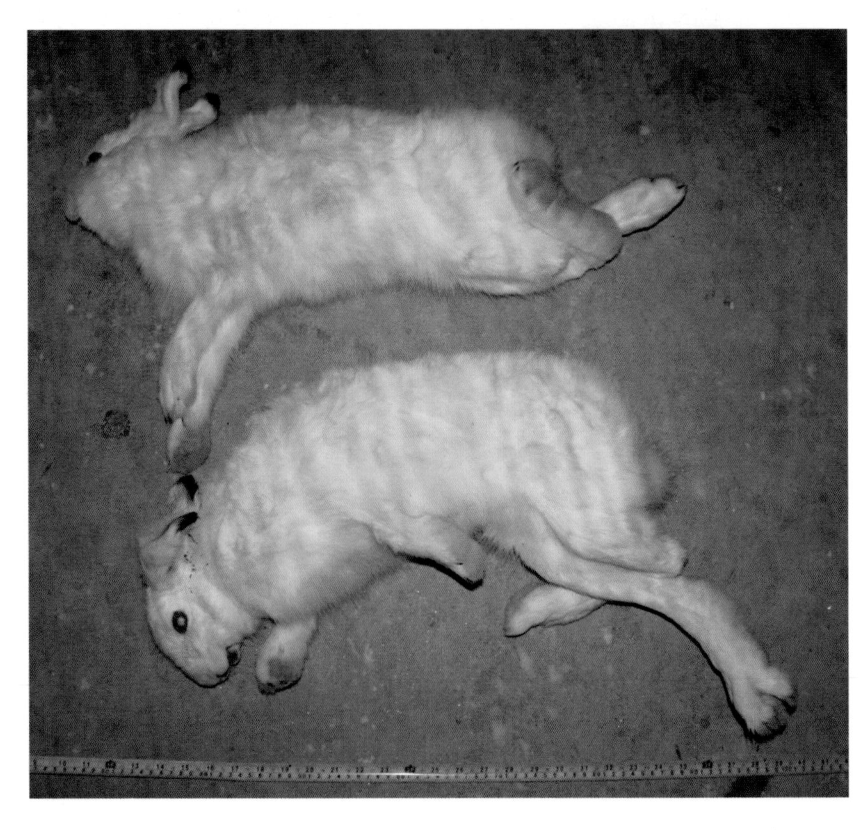

172 北花松鼠

■ *Tamias sibiricus*　　**啮齿目松鼠科花鼠属**

有重要生态、科学、社会价值的陆生野生动物（“三有”动物）

形态特征：头至背部毛呈黄褐色，臀部毛偏于棕红色；腹部毛呈黄白色，无斑纹；背部具5条明显的黑色长纹；尾较长，尾毛蓬松。

常见交易类别：活体。

常见非法利用形式：非法人工养殖、非法野外猎捕。

173 赤腹松鼠

■ *Callosciurus erythraeus* 啮齿目松鼠科丽松鼠属

有重要生态、科学、社会价值的陆生野生动物（“三有”动物）

形态特征：体背灰褐色，腹部淡黄色，腹毛鲜红色、褐紫色、棕色或暗黄色；上下颌各有1对门齿；尾毛蓬松，尾后端有环纹；前足掌裸露无毛。

常见交易类别：活体。

常见非法利用形式：非法人工养殖、非法野外猎捕。

174 中国豪猪

■ *Hystrix hodgsoni*　　**啮齿目豪猪科豪猪属**

有重要生态、科学、社会价值的陆生野生动物（“三有”动物）（仅限野外种群）

形态特征：体形粗壮，体毛暗褐色，从肩部至尾部密被长棘刺；长棘刺的颜色均为黑白相间；头小，吻尖，爪粗短；尾长短于后足长的2倍，尾上有管状刺。

常见交易类别：活体。

常见非法利用形式：非法人工养殖、非法野外猎捕。

175 帚尾豪猪

■ *Atherurus macrourus* 啮齿目豪猪科帚尾豪猪属

有重要生态、科学、社会价值的陆生野生动物（“三有”动物）

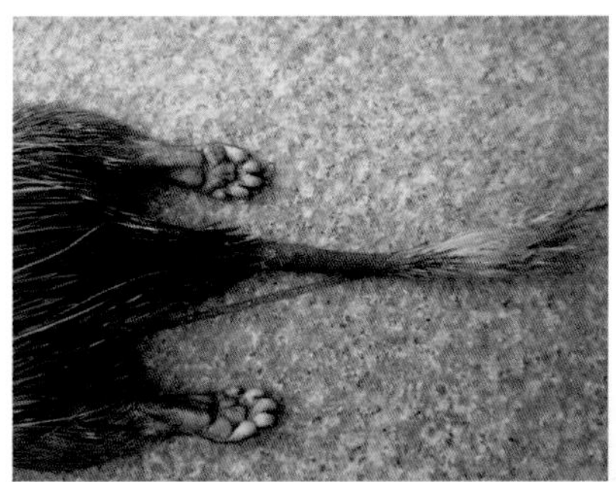

形态特征： 体毛暗褐色，腹面较浅；从肩部至尾部密被长棘刺；头小，吻尖，爪粗短；尾有鳞，远端有白色软棘，呈刷状。

常见交易类别： 活体。

常见非法利用形式： 非法野外猎捕。

176 东北刺猬

■ *Erinaceus amurensis* 猬形目猬科刺猬属

有重要生态、科学、社会价值的陆生野生动物（“三有”动物）

形态特征： 体背和体侧满布棘刺；头、尾和腹面被毛；头顶的棘刺被一块窄的裸区分开；嘴尖而长，尾短；前后足均具5趾。

常见交易类别： 活体、死体。

常见非法利用形式： 非法野外猎捕。

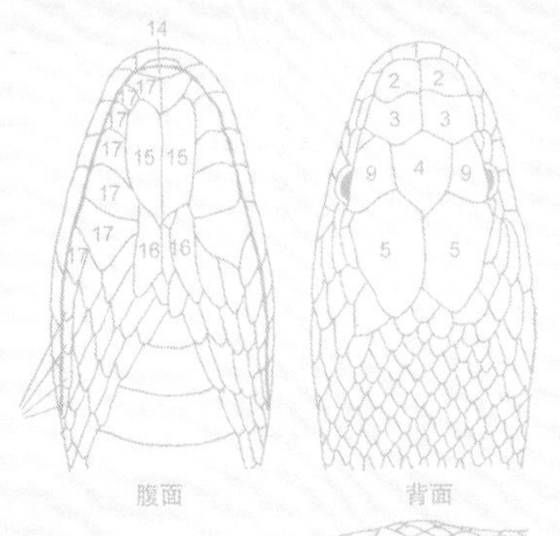

第三部分

野生动物案件处置的相关文件

中华人民共和国野生动物保护法

（1988年11月8日第七届全国人民代表大会常务委员会第四次会议通过　根据2004年8月28日第十届全国人民代表大会常务委员会第十一次会议《关于修改〈中华人民共和国野生动物保护法〉的决定》第一次修正　根据2009年8月27日第十一届全国人民代表大会常务委员会第十次会议《关于修改部分法律的决定》第二次修正　2016年7月2日第十二届全国人民代表大会常务委员会第二十一次会议第一次修订　根据2018年10月26日第十三届全国人民代表大会常务委员会第六次会议《关于修改〈中华人民共和国野生动物保护法〉等十五部法律的决定》第三次修正　2022年12月30日第十三届全国人民代表大会常务委员会第三十八次会议第二次修订）

第一章　总　　则

第一条　为了保护野生动物，拯救珍贵、濒危野生动物，维护生物多样性和生态平衡，推进生态文明建设，促进人与自然和谐共生，制定本法。

第二条　在中华人民共和国领域及管辖的其他海域，从事野生动物保护及相关活动，适用本法。

本法规定保护的野生动物，是指珍贵、濒危的陆生、水生野生动物和有重要生态、科学、社会价值的陆生野生动物。

本法规定的野生动物及其制品，是指野生动物的整体（含卵、蛋）、部分及衍生物。

珍贵、濒危的水生野生动物以外的其他水生野生动物的保护，适用《中华人民共和国渔业法》等有关法律的规定。

第三条　野生动物资源属于国家所有。

国家保障依法从事野生动物科学研究、人工繁育等保护及相关活动的组织和个人的合法权益。

第四条　国家加强重要生态系统保护和修复，对野生动物实行保护优先、规范利用、严格监管的原则，鼓励和支持开展野生动物科学研究与应用，秉持生态文明理念，推动绿色发展。

第五条　国家保护野生动物及其栖息地。县级以上人民政府应当制定野生动物及其栖息地相关保护规划和措施，并将野生动物保护经费纳入预算。

国家鼓励公民、法人和其他组织依法通过捐赠、资助、志愿服务等方式参与野生动物保护活动，支持野生动物保护公益事业。

本法规定的野生动物栖息地，是指野生动物野外种群生息繁衍的重要区域。

第六条　任何组织和个人有保护野生动物及其栖息地的义务。禁止违法猎捕、运输、交易野生动物，禁止破坏野生动物栖息地。

社会公众应当增强保护野生动物和维护公共卫生安全的意识，防止野生动物源性传染病传播，抵制违法食用野生动物，养成文明健康的生活方式。

任何组织和个人有权举报违反本法的行为，接到举报的县级以上人民政府野生动物保护主管部门和其他有关部门应当及时依法处理。

第七条　国务院林业草原、渔业主管部门分别主管全国陆生、水生野生动物保护工作。

县级以上地方人民政府对本行政区域内野生动物保护工作负责，其林业草原、渔业主管部门分别主管本行政区域内陆生、水生野生动物保护工作。

县级以上人民政府有关部门按照职责分工，负责野生动物保护相关工作。

第八条　各级人民政府应当加强野生动物保护的宣传教育和科学知识普及工作，鼓励和支持基层群众性自治组织、社会组织、企业事业单位、志愿者开展野生动物保护法律法规、生态保护等知识的宣传活动；组织开展对相关从业人员法律法规和专业知识培训；依法公开野生动物保护和管理信息。

教育行政部门、学校应当对学生进行野生动物保护知识教育。

新闻媒体应当开展野生动物保护法律法规和保护知识的宣传，并依法对违法行为进行舆论监督。

第九条　在野生动物保护和科学研究方面成绩显著的组织和个人，由县级以上人民政府按照国家有关规定给予表彰和奖励。

第二章　野生动物及其栖息地保护

第十条　国家对野生动物实行分类分级保护。

国家对珍贵、濒危的野生动物实行重点保护。国家重点保护的野生动物分为一级保护野生动物和二级保护野生动物。国家重点保护野生动物名录，由国务院野生动物保护主管部门组织科学论证评估后，报国务院批准公布。

有重要生态、科学、社会价值的陆生野生动物名录，由国务院野生动物保护主管部门征求国务院农业农村、自然资源、科学技术、生态环境、卫生健康等部门意见，组织科学论证评估后制定并公布。

地方重点保护野生动物，是指国家重点保护野生动物以外，由省、自治区、直辖市重点保护的野生动物。地方重点保护野生动物名录，由省、自治区、直辖市人民政府组织科学论证评估，征求国务院野生动物保护主管部门意见后制定、公布。

对本条规定的名录，应当每五年组织科学论证评估，根据论证评估情况进行调整，也可以根据野生动物保护的实际需要及时进行调整。

第十一条　县级以上人民政府野生动物保护主管部门应当加强信息技术应用，定期组织或者委托有关科学研究机构对野生动物及其栖息地状况进行调查、监测和评估，建立健全野生动物及其栖息地档案。

对野生动物及其栖息地状况的调查、监测和评估应当包括下列内容：

（一）野生动物野外分布区域、种群数量及结构；

（二）野生动物栖息地的面积、生态状况；

（三）野生动物及其栖息地的主要威胁因素；

（四）野生动物人工繁育情况等其他需要调查、监测和评估的内容。

第十二条　国务院野生动物保护主管部门应当会同国务院有关部门，根据野生动物及其栖息地状况的调查、监测和评估结果，确定并发布野生动物重要栖息地名录。

省级以上人民政府依法将野生动物重要栖息地划入国家公园、自然保护区等自然保护地，保护、恢复和改善野生动物生存环境。对不具备划定自然保护地条件的，县级以上人民政府可以采取划定禁猎（渔）区、规定禁猎（渔）期等措施予以保护。

禁止或者限制在自然保护地内引入外来物种、营造单一纯林、过量施洒农药等人为干扰、威胁野生动物生息繁衍的行为。

自然保护地依照有关法律法规的规定划定和管理，野生动物保护主管部门依法加强对野生动物及其栖息地的保护。

第十三条　县级以上人民政府及其有关部门在编制有关开发利用规划时，应当充分考虑野生动物及其栖息地保护的需要，分析、预测和评估规划实施可能对野生动物及其栖息地保护产生的整体影响，避免或者减少规划实施可能造成的不利后果。

禁止在自然保护地建设法律法规规定不得建设的项目。机场、铁路、公路、航道、水利水电、风电、光伏发电、围堰、围填海等建设项目的选址选线，应当避让自然保护地以及其他野生动物重要栖息地、迁徙洄游通道；确实无法避让的，应当采取修建野生动物通道、过鱼设施等措施，消除或者减少对野生动物的不利影响。

建设项目可能对自然保护地以及其他野生动物重要栖息地、迁徙洄游通道产生影响的，环境影响评价文件的审批部门在审批环境影响评价文件时，涉及国家重点保护野生动物的，应当征求国务院野生动物保护主管部门意见；涉及地方重点保护野生动物的，应当征求省、自治区、直辖市人民政府野生动物保护主管部门意见。

第十四条　各级野生动物保护主管部门应当监测环境对野生动物的影响，发现环境影响对野生动物造成危害时，应当会同有关部门及时进行调查处理。

第十五条　国家重点保护野生动物和有重要生态、科学、社会价值的陆生野生动物或者地方重点保护野生动物受到自然灾害、重大环境污染事故等突发事件威胁时，当地人民政府应当及时采取应急救助措施。

国家加强野生动物收容救护能力建设。县级以上人民政府野生动物保护主管部门应当按照国家有关规定组织开展野生动物收容救护工作，加强对社会组织开展野生动物收容救护工作的规范和指导。

收容救护机构应当根据野生动物收容救护的实际需要，建立收容救护场所，配备相应的专业技术人员、救护工具、设备和药品等。

禁止以野生动物收容救护为名买卖野生动物及其制品。

第十六条 野生动物疫源疫病监测、检疫和与人畜共患传染病有关的动物传染病的防治管理，适用《中华人民共和国动物防疫法》等有关法律法规的规定。

第十七条 国家加强对野生动物遗传资源的保护，对濒危野生动物实施抢救性保护。

国务院野生动物保护主管部门应当会同国务院有关部门制定有关野生动物遗传资源保护和利用规划，建立国家野生动物遗传资源基因库，对原产我国的珍贵、濒危野生动物遗传资源实行重点保护。

第十八条 有关地方人民政府应当根据实际情况和需要建设隔离防护设施、设置安全警示标志等，预防野生动物可能造成的危害。

县级以上人民政府野生动物保护主管部门根据野生动物及其栖息地调查、监测和评估情况，对种群数量明显超过环境容量的物种，可以采取迁地保护、猎捕等种群调控措施，保障人身财产安全、生态安全和农业生产。对种群调控猎捕的野生动物按照国家有关规定进行处理和综合利用。种群调控的具体办法由国务院野生动物保护主管部门会同国务院有关部门制定。

第十九条 因保护本法规定保护的野生动物，造成人员伤亡、农作物或者其他财产损失的，由当地人民政府给予补偿。具体办法由省、自治区、直辖市人民政府制定。有关地方人民政府可以推动保险机构开展野生动物致害赔偿保险业务。

有关地方人民政府采取预防、控制国家重点保护野生动物和其他致害严重的陆生野生动物造成危害的措施以及实行补偿所需经费，由中央财政予以补助。具体办法由国务院财政部门会同国务院野生动物保护主管部门制定。

在野生动物危及人身安全的紧急情况下，采取措施造成野生动物损害的，依法不承担法律责任。

第三章 野生动物管理

第二十条 在自然保护地和禁猎（渔）区、禁猎（渔）期内，禁止猎捕以及其他妨碍野生动物生息繁衍的活动，但法律法规另有规定的除外。

野生动物迁徙洄游期间，在前款规定区域外的迁徙洄游通道内，禁止猎捕并严格限制其他妨碍野生动物生息繁衍的活动。县级以上人民政府或者其野生动物保护主管部门应当规定并公布迁徙洄游通道的范围以及妨碍野生动物生息繁衍活动的内容。

第二十一条　禁止猎捕、杀害国家重点保护野生动物。

因科学研究、种群调控、疫源疫病监测或者其他特殊情况，需要猎捕国家一级保护野生动物的，应当向国务院野生动物保护主管部门申请特许猎捕证；需要猎捕国家二级保护野生动物的，应当向省、自治区、直辖市人民政府野生动物保护主管部门申请特许猎捕证。

第二十二条　猎捕有重要生态、科学、社会价值的陆生野生动物和地方重点保护野生动物的，应当依法取得县级以上地方人民政府野生动物保护主管部门核发的狩猎证，并服从猎捕量限额管理。

第二十三条　猎捕者应当严格按照特许猎捕证、狩猎证规定的种类、数量或者限额、地点、工具、方法和期限进行猎捕。猎捕作业完成后，应当将猎捕情况向核发特许猎捕证、狩猎证的野生动物保护主管部门备案。具体办法由国务院野生动物保护主管部门制定。猎捕国家重点保护野生动物应当由专业机构和人员承担；猎捕有重要生态、科学、社会价值的陆生野生动物，有条件的地方可以由专业机构有组织开展。

持枪猎捕的，应当依法取得公安机关核发的持枪证。

第二十四条　禁止使用毒药、爆炸物、电击或者电子诱捕装置以及猎套、猎夹、捕鸟网、地枪、排铳等工具进行猎捕，禁止使用夜间照明行猎、歼灭性围猎、捣毁巢穴、火攻、烟熏、网捕等方法进行猎捕，但因物种保护、科学研究确需网捕、电子诱捕以及植保作业等除外。

前款规定以外的禁止使用的猎捕工具和方法，由县级以上地方人民政府规定并公布。

第二十五条　人工繁育野生动物实行分类分级管理，严格保护和科学利用野生动物资源。国家支持有关科学研究机构因物种保护目的人工繁育国家重点保护野生动物。

人工繁育国家重点保护野生动物实行许可制度。人工繁育国家重点保护野生动物的，应当经省、自治区、直辖市人民政府野生动物保护主管部门批准，取得人工繁育许可证，但国务院对批准机关另有规定的除外。

人工繁育有重要生态、科学、社会价值的陆生野生动物的，应当向县级人民政府野生动物保护主管部门备案。

人工繁育野生动物应当使用人工繁育子代种源，建立物种系谱、繁育档案和个体数据。因物种保护目的确需采用野外种源的，应当遵守本法有关猎捕野生动物的规定。

本法所称人工繁育子代，是指人工控制条件下繁殖出生的子代个体且其亲本也在人工控制条件下出生。

人工繁育野生动物的具体管理办法由国务院野生动物保护主管部门制定。

第二十六条 人工繁育野生动物应当有利于物种保护及其科学研究，不得违法猎捕野生动物，破坏野外种群资源，并根据野生动物习性确保其具有必要的活动空间和生息繁衍、卫生健康条件，具备与其繁育目的、种类、发展规模相适应的场所、设施、技术，符合有关技术标准和防疫要求，不得虐待野生动物。

省级以上人民政府野生动物保护主管部门可以根据保护国家重点保护野生动物的需要，组织开展国家重点保护野生动物放归野外环境工作。

前款规定以外的人工繁育的野生动物放归野外环境的，适用本法有关放生野生动物管理的规定。

第二十七条 人工繁育野生动物应当采取安全措施，防止野生动物伤人和逃逸。人工繁育的野生动物造成他人损害、危害公共安全或者破坏生态的，饲养人、管理人等应当依法承担法律责任。

第二十八条 禁止出售、购买、利用国家重点保护野生动物及其制品。

因科学研究、人工繁育、公众展示展演、文物保护或者其他特殊情况，需要出售、购买、利用国家重点保护野生动物及其制品的，应当经省、自治区、直辖市人民政府野生动物保护主管部门批准，并按照规定取得和使用专用标识，保证可追溯，但国务院对批准机关另有规定的除外。

出售、利用有重要生态、科学、社会价值的陆生野生动物和地方重点保护野生动物及其制品的，应当提供狩猎、人工繁育、进出口等合法来源证明。

实行国家重点保护野生动物和有重要生态、科学、社会价值的陆生野生动物及其制品专用标识的范围和管理办法，由国务院野生动物保护主管部门规定。

出售本条第二款、第三款规定的野生动物的，还应当依法附有检疫证明。

利用野生动物进行公众展示展演应当采取安全管理措施，并保障野生动物健康状态，具体管理办法由国务院野生动物保护主管部门会同国务院有关部门制定。

第二十九条 对人工繁育技术成熟稳定的国家重点保护野生动物或者有重要生态、科学、社会价值的陆生野生动物，经科学论证评估，纳入国务院野生动物保护主管部门制定的人工繁育国家重点保护野生动物名录或者有重要生态、科学、社会价值的陆生野生动物名录，并适时调整。对列入名录的野生动物及其制品，可以凭人工繁育许可证或者备案，按照省、自治区、直辖市人民政府野生动物保护主管部门或者其授权的部门核验的年度生产数量直接取得专用标识，凭专用标识出售和利用，保证可追溯。

对本法第十条规定的国家重点保护野生动物名录和有重要生态、科学、社会价值的陆生野生动物名录进行调整时，根据有关野外种群保护情况，可以对前款规定的有关人工繁育技术成熟稳定野生动物的人工种群，不再列入国家重点保护野生动物名录和有重要生态、科学、社会价值的陆生野生动物名录，实行与野外种群不同的管理措施，但应当依照本法第二十五条第二款、第三款和本条第一款的规定取得人工繁育许可证或者备案和专用标识。

对符合《中华人民共和国畜牧法》第十二条第二款规定的陆生野生动物人工繁育种群，经科学论证评估，可以列入畜禽遗传资源目录。

第三十条 利用野生动物及其制品的，应当以人工繁育种群为主，有利于野外种群养护，符合生态文明建设的要求，尊重社会公德，遵守法律法规和国家有关规定。

野生动物及其制品作为药品等经营和利用的，还应当遵守《中华人民共和国药品管理法》等有关法律法规的规定。

第三十一条 禁止食用国家重点保护野生动物和国家保护的有重要生态、科学、社会价值的陆生野生动物以及其他陆生野生动物。

禁止以食用为目的猎捕、交易、运输在野外环境自然生长繁殖的前款规定的野生动物。

禁止生产、经营使用本条第一款规定的野生动物及其制品制作的食品。

禁止为食用非法购买本条第一款规定的野生动物及其制品。

第三十二条 禁止为出售、购买、利用野生动物或者禁止使用的猎捕工具发布广告。禁止为违法出售、购买、利用野生动物制品发布广告。

第三十三条 禁止网络平台、商品交易市场、餐饮场所等，为违法出售、购买、食用及利用野生动物及其制品或者禁止使用的猎捕工具提供展示、交易、消费服务。

第三十四条 运输、携带、寄递国家重点保护野生动物及其制品，或者依照本法第二十九条第二款规定调出国家重点保护野生动物名录的野生动物及其制品出县境的，应当持有或者附有本法第二十一条、第二十五条、第二十八条或者第二十九条规定的许可证、批准文件的副本或者专用标识。

运输、携带、寄递有重要生态、科学、社会价值的陆生野生动物和地方重点保护野生动物，或者依照本法第二十九条第二款规定调出有重要生态、科学、社会价值的陆生野生动物名录的野生动物出县境的，应当持有狩猎、人工繁育、进出口等合法来源证明或者专用标识。

运输、携带、寄递前两款规定的野生动物出县境的，还应当依照《中华人民共和国动物防疫法》的规定附有检疫证明。

铁路、道路、水运、民航、邮政、快递等企业对托运、携带、交寄野生动物及其制品的，应当查验其相关证件、文件副本或者专用标识，对不符合规定的，不得承运、寄递。

第三十五条 县级以上人民政府野生动物保护主管部门应当对科学研究、人工繁育、公众展示展演等利用野生动物及其制品的活动进行规范和监督管理。

市场监督管理、海关、铁路、道路、水运、民航、邮政等部门应当按照职责分工对野生动物及其制品交易、利用、运输、携带、寄递等活动进行监督检查。

国家建立由国务院林业草原、渔业主管部门牵头，各相关部门配合的野生动物联合执法工作协调机制。地方人民政府建立相应联合执法工作协调机制。

县级以上人民政府野生动物保护主管部门和其他负有野生动物保护职责的部门发现违法事实涉嫌犯罪的，应当将犯罪线索移送具有侦查、调查职权的机关。

公安机关、人民检察院、人民法院在办理野生动物保护犯罪案件过程中认为没有犯罪事实，或者犯罪事实显著轻微，不需要追究刑事责任，但应当予以行政处罚的，应当及时将案件移送县级以上人民政府野生动物保护主管部门和其他负有野生动物保护职责的部门，有关部门应当依法处理。

第三十六条 县级以上人民政府野生动物保护主管部门和其他负有野生动物

保护职责的部门，在履行本法规定的职责时，可以采取下列措施：

（一）进入与违反野生动物保护管理行为有关的场所进行现场检查、调查；

（二）对野生动物进行检验、检测、抽样取证；

（三）查封、复制有关文件、资料，对可能被转移、销毁、隐匿或者篡改的文件、资料予以封存；

（四）查封、扣押无合法来源证明的野生动物及其制品，查封、扣押涉嫌非法猎捕野生动物或者非法收购、出售、加工、运输猎捕野生动物及其制品的工具、设备或者财物。

第三十七条　中华人民共和国缔结或者参加的国际公约禁止或者限制贸易的野生动物或者其制品名录，由国家濒危物种进出口管理机构制定、调整并公布。

进出口列入前款名录的野生动物或者其制品，或者出口国家重点保护野生动物或者其制品的，应当经国务院野生动物保护主管部门或者国务院批准，并取得国家濒危物种进出口管理机构核发的允许进出口证明书。海关凭允许进出口证明书办理进出境检疫，并依法办理其他海关手续。

涉及科学技术保密的野生动物物种的出口，按照国务院有关规定办理。

列入本条第一款名录的野生动物，经国务院野生动物保护主管部门核准，按照本法有关规定进行管理。

第三十八条　禁止向境外机构或者人员提供我国特有的野生动物遗传资源。开展国际科学研究合作的，应当依法取得批准，有我国科研机构、高等学校、企业及其研究人员实质性参与研究，按照规定提出国家共享惠益的方案，并遵守我国法律、行政法规的规定。

第三十九条　国家组织开展野生动物保护及相关执法活动的国际合作与交流，加强与毗邻国家的协作，保护野生动物迁徙通道；建立防范、打击野生动物及其制品的走私和非法贸易的部门协调机制，开展防范、打击走私和非法贸易行动。

第四十条　从境外引进野生动物物种的，应当经国务院野生动物保护主管部门批准。从境外引进列入本法第三十七条第一款名录的野生动物，还应当依法取得允许进出口证明书。海关凭进口批准文件或者允许进出口证明书办理进境检疫，并依法办理其他海关手续。

从境外引进野生动物物种的，应当采取安全可靠的防范措施，防止其进入野外环境，避免对生态系统造成危害；不得违法放生、丢弃，确需将其放生至野外环境的，应当遵守有关法律法规的规定。

发现来自境外的野生动物对生态系统造成危害的，县级以上人民政府野生动物保护等有关部门应当采取相应的安全控制措施。

第四十一条 国务院野生动物保护主管部门应当会同国务院有关部门加强对放生野生动物活动的规范、引导。任何组织和个人将野生动物放生至野外环境，应当选择适合放生地野外生存的当地物种，不得干扰当地居民的正常生活、生产，避免对生态系统造成危害。具体办法由国务院野生动物保护主管部门制定。随意放生野生动物，造成他人人身、财产损害或者危害生态系统的，依法承担法律责任。

第四十二条 禁止伪造、变造、买卖、转让、租借特许猎捕证、狩猎证、人工繁育许可证及专用标识，出售、购买、利用国家重点保护野生动物及其制品的批准文件，或者允许进出口证明书、进出口等批准文件。

前款规定的有关许可证书、专用标识、批准文件的发放有关情况，应当依法公开。

第四十三条 外国人在我国对国家重点保护野生动物进行野外考察或者在野外拍摄电影、录像，应当经省、自治区、直辖市人民政府野生动物保护主管部门或者其授权的单位批准，并遵守有关法律法规的规定。

第四十四条 省、自治区、直辖市人民代表大会或者其常务委员会可以根据地方实际情况制定对地方重点保护野生动物等的管理办法。

第四章　法律责任

第四十五条 野生动物保护主管部门或者其他有关部门不依法作出行政许可决定，发现违法行为或者接到对违法行为的举报不依法处理，或者有其他滥用职权、玩忽职守、徇私舞弊等不依法履行职责的行为的，对直接负责的主管人员和其他直接责任人员依法给予处分；构成犯罪的，依法追究刑事责任。

第四十六条 违反本法第十二条第三款、第十三条第二款规定的，依照有关法律法规的规定处罚。

第四十七条 违反本法第十五条第四款规定，以收容救护为名买卖野生动物及其制品的，由县级以上人民政府野生动物保护主管部门没收野生动物及其制品、违法所得，并处野生动物及其制品价值二倍以上二十倍以下罚款，将有关违法信息记入社会信用记录，并向社会公布；构成犯罪的，依法追究刑事责任。

第四十八条　违反本法第二十条、第二十一条、第二十三条第一款、第二十四条第一款规定，有下列行为之一的，由县级以上人民政府野生动物保护主管部门、海警机构和有关自然保护地管理机构按照职责分工没收猎获物、猎捕工具和违法所得，吊销特许猎捕证，并处猎获物价值二倍以上二十倍以下罚款；没有猎获物或者猎获物价值不足五千元的，并处一万元以上十万元以下罚款；构成犯罪的，依法追究刑事责任：

（一）在自然保护地、禁猎（渔）区、禁猎（渔）期猎捕国家重点保护野生动物；

（二）未取得特许猎捕证、未按照特许猎捕证规定猎捕、杀害国家重点保护野生动物；

（三）使用禁用的工具、方法猎捕国家重点保护野生动物。

违反本法第二十三条第一款规定，未将猎捕情况向野生动物保护主管部门备案的，由核发特许猎捕证、狩猎证的野生动物保护主管部门责令限期改正；逾期不改正的，处一万元以上十万元以下罚款；情节严重的，吊销特许猎捕证、狩猎证。

第四十九条　违反本法第二十条、第二十二条、第二十三条第一款、第二十四条第一款规定，有下列行为之一的，由县级以上地方人民政府野生动物保护主管部门和有关自然保护地管理机构按照职责分工没收猎获物、猎捕工具和违法所得，吊销狩猎证，并处猎获物价值一倍以上十倍以下罚款；没有猎获物或者猎获物价值不足二千元的，并处二千元以上二万元以下罚款；构成犯罪的，依法追究刑事责任：

（一）在自然保护地、禁猎（渔）区、禁猎（渔）期猎捕有重要生态、科学、社会价值的陆生野生动物或者地方重点保护野生动物；

（二）未取得狩猎证、未按照狩猎证规定猎捕有重要生态、科学、社会价值的陆生野生动物或者地方重点保护野生动物；

（三）使用禁用的工具、方法猎捕有重要生态、科学、社会价值的陆生野生动物或者地方重点保护野生动物。

违反本法第二十条、第二十四条第一款规定，在自然保护地、禁猎区、禁猎期或者使用禁用的工具、方法猎捕其他陆生野生动物，破坏生态的，由县级以上地方人民政府野生动物保护主管部门和有关自然保护地管理机构按照职责分工没收猎获物、猎捕工具和违法所得，并处猎获物价值一倍以上三倍以下罚款；没有猎获物或者猎获物价值不足一千元的，并处一千元以上三千元以下罚款；构成犯罪的，依法追究刑事责任。

违反本法第二十三条第二款规定，未取得持枪证持枪猎捕野生动物，构成违反治安管理行为的，还应当由公安机关依法给予治安管理处罚；构成犯罪的，依法追究刑事责任。

第五十条 违反本法第三十一条第二款规定，以食用为目的猎捕、交易、运输在野外环境自然生长繁殖的国家重点保护野生动物或者有重要生态、科学、社会价值的陆生野生动物的，依照本法第四十八条、第四十九条、第五十二条的规定从重处罚。

违反本法第三十一条第二款规定，以食用为目的猎捕在野外环境自然生长繁殖的其他陆生野生动物的，由县级以上地方人民政府野生动物保护主管部门和有关自然保护地管理机构按照职责分工没收猎获物、猎捕工具和违法所得；情节严重的，并处猎获物价值一倍以上五倍以下罚款，没有猎获物或者猎获物价值不足二千元的，并处二千元以上一万元以下罚款；构成犯罪的，依法追究刑事责任。

违反本法第三十一条第二款规定，以食用为目的交易、运输在野外环境自然生长繁殖的其他陆生野生动物的，由县级以上地方人民政府野生动物保护主管部门和市场监督管理部门按照职责分工没收野生动物；情节严重的，并处野生动物价值一倍以上五倍以下罚款；构成犯罪的，依法追究刑事责任。

第五十一条 违反本法第二十五条第二款规定，未取得人工繁育许可证，繁育国家重点保护野生动物或者依照本法第二十九条第二款规定调出国家重点保护野生动物名录的野生动物的，由县级以上人民政府野生动物保护主管部门没收野生动物及其制品，并处野生动物及其制品价值一倍以上十倍以下罚款。

违反本法第二十五条第三款规定，人工繁育有重要生态、科学、社会价值的陆生野生动物或者依照本法第二十九条第二款规定调出有重要生态、科学、社会价值的陆生野生动物名录的野生动物未备案的，由县级人民政府野生动物保护主管部门责令限期改正；逾期不改正的，处五百元以上二千元以下罚款。

第五十二条　违反本法第二十八条第一款和第二款、第二十九条第一款、第三十四条第一款规定，未经批准、未取得或者未按照规定使用专用标识，或者未持有、未附有人工繁育许可证、批准文件的副本或者专用标识出售、购买、利用、运输、携带、寄递国家重点保护野生动物及其制品或者依照本法第二十九条第二款规定调出国家重点保护野生动物名录的野生动物及其制品的，由县级以上人民政府野生动物保护主管部门和市场监督管理部门按照职责分工没收野生动物及其制品和违法所得，责令关闭违法经营场所，并处野生动物及其制品价值二倍以上二十倍以下罚款；情节严重的，吊销人工繁育许可证、撤销批准文件、收回专用标识；构成犯罪的，依法追究刑事责任。

违反本法第二十八条第三款、第二十九条第一款、第三十四条第二款规定，未持有合法来源证明或者专用标识出售、利用、运输、携带、寄递有重要生态、科学、社会价值的陆生野生动物、地方重点保护野生动物或者依照本法第二十九条第二款规定调出有重要生态、科学、社会价值的陆生野生动物名录的野生动物及其制品的，由县级以上地方人民政府野生动物保护主管部门和市场监督管理部门按照职责分工没收野生动物，并处野生动物价值一倍以上十倍以下罚款；构成犯罪的，依法追究刑事责任。

违反本法第三十四条第四款规定，铁路、道路、水运、民航、邮政、快递等企业未按照规定查验或者承运、寄递野生动物及其制品的，由交通运输、铁路监督管理、民用航空、邮政管理等相关主管部门按照职责分工没收违法所得，并处违法所得一倍以上五倍以下罚款；情节严重的，吊销经营许可证。

第五十三条　违反本法第三十一条第一款、第四款规定，食用或者为食用非法购买本法规定保护的野生动物及其制品的，由县级以上人民政府野生动物保护主管部门和市场监督管理部门按照职责分工责令停止违法行为，没收野生动物及其制品，并处野生动物及其制品价值二倍以上二十倍以下罚款；食用或者为食用非法购买其他陆生野生动物及其制品的，责令停止违法行为，给予批评教育，没收野生动物及其制品，情节严重的，并处野生动物及其制品价值一倍以上五倍以下罚款；构成犯罪的，依法追究刑事责任。

违反本法第三十一条第三款规定，生产、经营使用本法规定保护的野生动物及其制品制作的食品的，由县级以上人民政府野生动物保护主管部门和市场监督管理部门按照职责分工责令停止违法行为，没收野生动物及其制品和违法所得，责令关闭违法经营场所，并处违法所得十五倍以上三十倍以下罚款；生产、经营使用其他陆生野生动物及其制品制作的食品的，给予批评教育，没收野生动物及其制品和违法所得，情节严重的，并处违法所得一倍以上十倍以下罚款；构成犯罪的，依法追究刑事责任。

第五十四条 违反本法第三十二条规定，为出售、购买、利用野生动物及其制品或者禁止使用的猎捕工具发布广告的，依照《中华人民共和国广告法》的规定处罚。

第五十五条 违反本法第三十三条规定，为违法出售、购买、食用及利用野生动物及其制品或者禁止使用的猎捕工具提供展示、交易、消费服务的，由县级以上人民政府市场监督管理部门责令停止违法行为，限期改正，没收违法所得，并处违法所得二倍以上十倍以下罚款；没有违法所得或者违法所得不足五千元的，处一万元以上十万元以下罚款；构成犯罪的，依法追究刑事责任。

第五十六条 违反本法第三十七条规定，进出口野生动物及其制品的，由海关、公安机关、海警机构依照法律、行政法规和国家有关规定处罚；构成犯罪的，依法追究刑事责任。

第五十七条 违反本法第三十八条规定，向境外机构或者人员提供我国特有的野生动物遗传资源的，由县级以上人民政府野生动物保护主管部门没收野生动物及其制品和违法所得，并处野生动物及其制品价值或者违法所得一倍以上五倍以下罚款；构成犯罪的，依法追究刑事责任。

第五十八条 违反本法第四十条第一款规定，从境外引进野生动物物种的，由县级以上人民政府野生动物保护主管部门没收所引进的野生动物，并处五万元以上五十万元以下罚款；未依法实施进境检疫的，依照《中华人民共和国进出境动植物检疫法》的规定处罚；构成犯罪的，依法追究刑事责任。

第五十九条 违反本法第四十条第二款规定，将从境外引进的野生动物放生、丢弃的，由县级以上人民政府野生动物保护主管部门责令限期捕回，处一万元以上十万元以下罚款；逾期不捕回的，由有关野生动物保护主管部门代为捕回或者采取降低影响的措施，所需费用由被责令限期捕回者承担；构成犯罪的，依法追究刑事责任。

第六十条　违反本法第四十二条第一款规定，伪造、变造、买卖、转让、租借有关证件、专用标识或者有关批准文件的，由县级以上人民政府野生动物保护主管部门没收违法证件、专用标识、有关批准文件和违法所得，并处五万元以上五十万元以下罚款；构成违反治安管理行为的，由公安机关依法给予治安管理处罚；构成犯罪的，依法追究刑事责任。

第六十一条　县级以上人民政府野生动物保护主管部门和其他负有野生动物保护职责的部门、机构应当按照有关规定处理罚没的野生动物及其制品，具体办法由国务院野生动物保护主管部门会同国务院有关部门制定。

第六十二条　县级以上人民政府野生动物保护主管部门应当加强对野生动物及其制品鉴定、价值评估工作的规范、指导。本法规定的猎获物价值、野生动物及其制品价值的评估标准和方法，由国务院野生动物保护主管部门制定。

第六十三条　对违反本法规定破坏野生动物资源、生态环境，损害社会公共利益的行为，可以依照《中华人民共和国环境保护法》《中华人民共和国民事诉讼法》《中华人民共和国行政诉讼法》等法律的规定向人民法院提起诉讼。

第五章　附　　则

第六十四条　本法自2023年5月1日起施行。

最高人民法院、最高人民检察院关于办理破坏野生动物资源刑事案件适用法律若干问题的解释

法释〔2022〕12号

最高人民法院、最高人民检察院《关于办理破坏野生动物资源刑事案件适用法律若干问题的解释》已于2021年12月13日由最高人民法院审判委员会第1856次会议、2022年2月9日由最高人民检察院第十三届检察委员会第八十九次会议通过，现予公布，自2022年4月9日起施行。

为依法惩治破坏野生动物资源犯罪，保护生态环境，维护生物多样性和生态平衡，根据《中华人民共和国刑法》《中华人民共和国刑事诉讼法》《中华人民共和国野生动物保护法》等法律的有关规定，现就办理此类刑事案件适用法律的若干问题解释如下：

第一条 具有下列情形之一的，应当认定为刑法第一百五十一条第二款规定的走私国家禁止进出口的珍贵动物及其制品：

（一）未经批准擅自进出口列入经国家濒危物种进出口管理机构公布的《濒危野生动植物种国际贸易公约》附录一、附录二的野生动物及其制品；

（二）未经批准擅自出口列入《国家重点保护野生动物名录》的野生动物及其制品。

第二条 走私国家禁止进出口的珍贵动物及其制品，价值二十万元以上不满二百万元的，应当依照刑法第一百五十一条第二款的规定，以走私珍贵动物、珍贵动物制品罪处五年以上十年以下有期徒刑，并处罚金；价值二百万元以上的，应当认定为“情节特别严重”，处十年以上有期徒刑或者无期徒刑，并处没收财

产；价值二万元以上不满二十万元的，应当认定为“情节较轻”，处五年以下有期徒刑，并处罚金。

实施前款规定的行为，具有下列情形之一的，从重处罚：

（一）属于犯罪集团的首要分子的；

（二）为逃避监管，使用特种交通工具实施的；

（三）二年内曾因破坏野生动物资源受过行政处罚的。

实施第一款规定的行为，不具有第二款规定的情形，且未造成动物死亡或者动物、动物制品无法追回，行为人全部退赃退赔，确有悔罪表现的，按照下列规定处理：

（一）珍贵动物及其制品价值二百万元以上的，可以处五年以上十年以下有期徒刑，并处罚金；

（二）珍贵动物及其制品价值二十万元以上不满二百万元的，可以认定为“情节较轻”，处五年以下有期徒刑，并处罚金；

（三）珍贵动物及其制品价值二万元以上不满二十万元的，可以认定为犯罪情节轻微，不起诉或者免予刑事处罚；情节显著轻微危害不大的，不作为犯罪处理。

第三条　在内陆水域，违反保护水产资源法规，在禁渔区、禁渔期或者使用禁用的工具、方法捕捞水产品，具有下列情形之一的，应当认定为刑法第三百四十条规定的“情节严重”，以非法捕捞水产品罪定罪处罚：

（一）非法捕捞水产品五百公斤以上或者价值一万元以上的；

（二）非法捕捞有重要经济价值的水生动物苗种、怀卵亲体或者在水产种质资源保护区内捕捞水产品五十公斤以上或者价值一千元以上的；

（三）在禁渔区使用电鱼、毒鱼、炸鱼等严重破坏渔业资源的禁用方法或者禁用工具捕捞的；

（四）在禁渔期使用电鱼、毒鱼、炸鱼等严重破坏渔业资源的禁用方法或者禁用工具捕捞的；

（五）其他情节严重的情形。

实施前款规定的行为，具有下列情形之一的，从重处罚：

（一）暴力抗拒、阻碍国家机关工作人员依法履行职务，尚未构成妨害公务罪、袭警罪的；

（二）二年内曾因破坏野生动物资源受过行政处罚的；

（三）对水生生物资源或者水域生态造成严重损害的；

（四）纠集多条船只非法捕捞的；

（五）以非法捕捞为业的。

实施第一款规定的行为，根据渔获物的数量、价值和捕捞方法、工具等，认为对水生生物资源危害明显较轻的，综合考虑行为人自愿接受行政处罚、积极修复生态环境等情节，可以认定为犯罪情节轻微，不起诉或者免予刑事处罚；情节显著轻微危害不大的，不作为犯罪处理。

第四条 刑法第三百四十一条第一款规定的“国家重点保护的珍贵、濒危野生动物”包括：

（一）列入《国家重点保护野生动物名录》的野生动物；

（二）经国务院野生动物保护主管部门核准按照国家重点保护的野生动物管理的野生动物。

第五条 刑法第三百四十一条第一款规定的“收购”包括以营利、自用等为目的的购买行为；“运输”包括采用携带、邮寄、利用他人、使用交通工具等方法进行运送的行为；“出售”包括出卖和以营利为目的的加工利用行为。

刑法第三百四十一条第三款规定的“收购”“运输”“出售”，是指以食用为目的，实施前款规定的相应行为。

第六条 非法猎捕、杀害国家重点保护的珍贵、濒危野生动物，或者非法收购、运输、出售国家重点保护的珍贵、濒危野生动物及其制品，价值二万元以上不满二十万元的，应当依照刑法第三百四十一条第一款的规定，以危害珍贵、濒危野生动物罪处五年以下有期徒刑或者拘役，并处罚金；价值二十万元以上不满二百万元的，应当认定为“情节严重”，处五年以上十年以下有期徒刑，并处罚金；价值二百万元以上的，应当认定为“情节特别严重”，处十年以上有期徒刑，并处罚金或者没收财产。

实施前款规定的行为，具有下列情形之一的，从重处罚：

（一）属于犯罪集团的首要分子的；

（二）为逃避监管，使用特种交通工具实施的；

（三）严重影响野生动物科研工作的；

（四）二年内曾因破坏野生动物资源受过行政处罚的。

实施第一款规定的行为，不具有第二款规定的情形，且未造成动物死亡或者动物、动物制品无法追回，行为人全部退赃退赔，确有悔罪表现的，按照下列规定处理：

（一）珍贵、濒危野生动物及其制品价值二百万元以上的，可以认定为“情节严重”，处五年以上十年以下有期徒刑，并处罚金；

（二）珍贵、濒危野生动物及其制品价值二十万元以上不满二百万元的，可以处五年以下有期徒刑或者拘役，并处罚金；

（三）珍贵、濒危野生动物及其制品价值二万元以上不满二十万元的，可以认定为犯罪情节轻微，不起诉或者免予刑事处罚；情节显著轻微危害不大的，不作为犯罪处理。

第七条　违反狩猎法规，在禁猎区、禁猎期或者使用禁用的工具、方法进行狩猎，破坏野生动物资源，具有下列情形之一的，应当认定为刑法第三百四十一条第二款规定的“情节严重”，以非法狩猎罪定罪处罚：

（一）非法猎捕野生动物价值一万元以上的；

（二）在禁猎区使用禁用的工具或者方法狩猎的；

（三）在禁猎期使用禁用的工具或者方法狩猎的；

（四）其他情节严重的情形。

实施前款规定的行为，具有下列情形之一的，从重处罚：

（一）暴力抗拒、阻碍国家机关工作人员依法履行职务，尚未构成妨害公务罪、袭警罪的；

（二）对野生动物资源或者栖息地生态造成严重损害的；

（三）二年内曾因破坏野生动物资源受过行政处罚的。

实施第一款规定的行为，根据猎获物的数量、价值和狩猎方法、工具等，认为对野生动物资源危害明显较轻的，综合考虑猎捕的动机、目的、行为人自愿接受行政处罚、积极修复生态环境等情节，可以认定为犯罪情节轻微，不起诉或者免予刑事处罚；情节显著轻微危害不大的，不作为犯罪处理。

第八条　违反野生动物保护管理法规，以食用为目的，非法猎捕、收购、运输、出售刑法第三百四十一条第一款规定以外的在野外环境自然生长繁殖的陆生野生动物，具有下列情形之一的，应当认定为刑法第三百四十一条第三款规定的“情节严重”，以非法猎捕、收购、运输、出售陆生野生动物罪定罪处罚：

（一）非法猎捕、收购、运输、出售有重要生态、科学、社会价值的陆生野生动物或者地方重点保护陆生野生动物价值一万元以上的；

（二）非法猎捕、收购、运输、出售第一项规定以外的其他陆生野生动物价值五万元以上的；

（三）其他情节严重的情形。

实施前款规定的行为，同时构成非法狩猎罪的，应当依照刑法第三百四十一条第三款的规定，以非法猎捕陆生野生动物罪定罪处罚。

第九条　明知是非法捕捞犯罪所得的水产品、非法狩猎犯罪所得的猎获物而收购、贩卖或者以其他方法掩饰、隐瞒，符合刑法第三百一十二条规定的，以掩饰、隐瞒犯罪所得罪定罪处罚。

第十条　负有野生动物保护和进出口监督管理职责的国家机关工作人员，滥用职权或者玩忽职守，致使公共财产、国家和人民利益遭受重大损失的，应当依照刑法第三百九十七条的规定，以滥用职权罪或者玩忽职守罪追究刑事责任。

负有查禁破坏野生动物资源犯罪活动职责的国家机关工作人员，向犯罪分子通风报信、提供便利，帮助犯罪分子逃避处罚的，应当依照刑法第四百一十七条的规定，以帮助犯罪分子逃避处罚罪追究刑事责任。

第十一条　对于“以食用为目的”，应当综合涉案动物及其制品的特征，被查获的地点，加工、包装情况，以及可以证明来源、用途的标识、证明等证据作出认定。

实施本解释规定的相关行为，具有下列情形之一的，可以认定为“以食用为目的”：

（一）将相关野生动物及其制品在餐饮单位、饮食摊点、超市等场所作为食品销售或者运往上述场所的；

（二）通过包装、说明书、广告等介绍相关野生动物及其制品的食用价值或者方法的；

（三）其他足以认定以食用为目的的情形。

第十二条　二次以上实施本解释规定的行为构成犯罪，依法应当追诉的，或者二年内实施本解释规定的行为未经处理的，数量、数额累计计算。

第十三条　实施本解释规定的相关行为，在认定是否构成犯罪以及裁量刑罚时，应当考虑涉案动物是否系人工繁育、物种的濒危程度、野外存活状况、人工繁育情况、是否列入人工繁育国家重点保护野生动物名录，行为手段、对野生动物资源的损害程度，以及对野生动物及其制品的认知程度等情节，综合评估社会危害性，准确认定是否构成犯罪，妥当裁量刑罚，确保罪责刑相适应；根据本解释的规定定罪量刑明显过重的，可以根据案件的事实、情节和社会危害程度，依法作出妥当处理。

涉案动物系人工繁育，具有下列情形之一的，对所涉案件一般不作为犯罪处理；需要追究刑事责任的，应当依法从宽处理：

（一）列入人工繁育国家重点保护野生动物名录的；

（二）人工繁育技术成熟、已成规模，作为宠物买卖、运输的。

第十四条　对于实施本解释规定的相关行为被不起诉或者免予刑事处罚的行为人，依法应当给予行政处罚、政务处分或者其他处分的，依法移送有关主管机关处理。

第十五条 对于涉案动物及其制品的价值，应当根据下列方法确定：

（一）对于国家禁止进出口的珍贵动物及其制品、国家重点保护的珍贵、濒危野生动物及其制品的价值，根据国务院野生动物保护主管部门制定的评估标准和方法核算；

（二）对于有重要生态、科学、社会价值的陆生野生动物、地方重点保护野生动物、其他野生动物及其制品的价值，根据销赃数额认定；无销赃数额、销赃数额难以查证或者根据销赃数额认定明显偏低的，根据市场价格核算，必要时，也可以参照相关评估标准和方法核算。

第十六条　根据本解释第十五条规定难以确定涉案动物及其制品价值的，依据司法鉴定机构出具的鉴定意见，或者下列机构出具的报告，结合其他证据作出认定：

（一）价格认证机构出具的报告；

（二）国务院野生动物保护主管部门、国家濒危物种进出口管理机构或者海关总署等指定的机构出具的报告；

（三）地、市级以上人民政府野生动物保护主管部门、国家濒危物种进出口管理机构的派出机构或者直属海关等出具的报告。

第十七条 对于涉案动物的种属类别、是否系人工繁育，非法捕捞、狩猎的工具、方法，以及对野生动物资源的损害程度等专门性问题，可以由野生动物保护主管部门、侦查机关依据现场勘验、检查笔录等出具认定意见；难以确定的，依据司法鉴定机构出具的鉴定意见、本解释第十六条所列机构出具的报告，被告人及其辩护人提供的证据材料，结合其他证据材料综合审查，依法作出认定。

第十八条 餐饮公司、渔业公司等单位实施破坏野生动物资源犯罪的，依照本解释规定的相应自然人犯罪的定罪量刑标准，对直接负责的主管人员和其他直接责任人员定罪处罚，并对单位判处罚金。

第十九条 在海洋水域，非法捕捞水产品，非法采捕珊瑚、砗磲或者其他珍贵、濒危水生野生动物，或者非法收购、运输、出售珊瑚、砗磲或者其他珍贵、濒危水生野生动物及其制品的，定罪量刑标准适用《最高人民法院关于审理发生在我国管辖海域相关案件若干问题的规定（二）》（法释〔2016〕17号）的相关规定。

第二十条 本解释自2022年4月9日起施行。本解释公布施行后，《最高人民法院关于审理破坏野生动物资源刑事案件具体应用法律若干问题的解释》（法释〔2000〕37号）同时废止；之前发布的司法解释与本解释不一致的，以本解释为准。

农业农村部令2019年第5号

《水生野生动物及其制品价值评估办法》已经农业农村部2019年第8号常务会议审议通过，现予公布，自2019年10月1日起施行。

部长：韩长赋

2019年8月27日

水生野生动物及其制品价值评估办法

第一条　为了规范水生野生动物及其制品的价值评估方法和标准，根据《中华人民共和国野生动物保护法》规定，制定本办法。

第二条　《中华人民共和国野生动物保护法》规定保护的珍贵濒危水生野生动物及其制品价值的评估，适用本办法。

本办法规定的水生野生动物，是指国家重点保护水生野生动物及《濒危野生动植物种国际贸易公约》附录水生物种的整体（含卵）。

本办法规定的水生野生动物制品，是指水生野生动物的部分及其衍生物。

第三条　水生野生动物成年整体的价值，按照对应物种的基准价值乘以保护级别系数计算。

农业农村部负责制定、公布并调整《水生野生动物基准价值标准目录》。

第四条 国家一级重点保护水生野生动物的保护级别系数为10。国家二级重点保护水生野生动物的保护级别系数为5。

《濒危野生动植物种国际贸易公约》附录所列水生物种，已被农业农村部核准为国家重点保护野生动物的，按照对应保护级别系数核算价值；未被农业农村部核准为国家重点保护野生动物的，保护级别系数为1。

第五条 水生野生动物幼年整体的价值，按照该物种成年整体价值乘以发育阶段系数计算。

发育阶段系数不应超过1，由核算其价值的执法机关或者评估机构综合考虑该物种繁殖力、成活率、发育阶段等实际情况确定。

第六条 水生野生动物卵的价值，有单独基准价值的，按照其基准价值乘以保护级别系数计算；没有单独基准价值的，按照该物种成年整体价值乘以繁殖力系数计算。

爬行类野生动物卵的繁殖力系数为十分之一；两栖类野生动物卵的繁殖力系数为千分之一；无脊椎、鱼类野生动物卵的繁殖力系数综合考虑该物种繁殖力、成活率进行确定。

第七条 水生野生动物制品的价值，按照该物种整体价值乘以涉案部分系数计算。

涉案部分系数不应超过1；系该物种主要利用部分的，涉案部分系数不应低于0.7。具体由核算其价值的执法机关或者评估机构综合考虑该制品利用部分、对动物伤害程度等因素确定。

第八条 人工繁育的水生野生动物及其制品的价值，根据本办法第四至七条规定计算后的价值乘以物种来源系数计算。

列入人工繁育国家重点保护水生野生动物名录物种的人工繁育个体及其制品，物种来源系数为0.25；其他物种的人工繁育个体及其制品，物种来源系数为0.5。

第九条 水生野生动物及其制品有实际交易价格，且实际交易价格高于按照本办法评估价值的，按照实际交易价格执行。

第十条 本办法施行后，新列入《国家重点保护野生动物名录》或《濒危野生动植物种国际贸易公约》附录，但尚未列入《水生野生动物基准价值标准目录》

的水生野生动物，其基准价值参照与其同属、同科或同目的最近似水生野生动物的基准价值核算。

第十一条　未被列入《濒危野生动植物种国际贸易公约》附录的地方重点保护水生野生动物，可参照本办法计算价值，保护级别系数可按1计算。

第十二条　本办法自2019年10月1日起施行。

水生野生动物基准价值标准目录

物种名称	学名	单位	基准价值（元）
	脊索动物门 Chordata 哺乳纲 Mammalia		
	食肉目 Carnivora		
鼬科 Mustelidae			
水獭亚科 Lutrinae			
小爪水獭	*Aonyx cinerea*	只	2000
水獭亚科其他种		只	1800
	鳍足类 Pinnipedia		
海象科 Odobenidae			
海象	*Odobenus rosmarus*	头	3000
海狗科 Otariidae			
毛皮海狮属所有种	*Arctocephalus* spp.	头	8000
海豹科 Phocidae			
斑海豹	*Phoca largha*	头	10000
僧海豹属所有种	*Monachus* spp.	头	10000
南象海豹	*Mirounga leonina*	头	5000
鳍足类其他种		头	2000
	鲸目 Cetacea		
露脊鲸科所有种	Balaenidae spp.	头	150000
须鲸科所有种	Balaenopteridae spp.	头	120000
海豚科 Delphinidae			
中华白海豚	*Sousa chinensis*	头	200000
海豚科其他种		头	50000
灰鲸科所有种	Eschrichtiidae spp.	头	100000
亚马孙河豚科 Iniidae			

续表

物种名称	学名	单位	基准价值（元）
白鱀豚	*Lipotes vexillifer*	头	600000
亚马孙河豚科其他种		头	50000
鼠海豚科 Phocoenidae			
窄脊江豚长江种群（长江江豚）	*Neophocaena asiaeorientalis*	头	250000
鼠海豚科其他种		头	50000
抹香鲸科所有种	Physeteridae spp.	头	150000
鲸目其他种		头	75000
	海牛目 Sirenia		
儒艮科 Dugongidae			
儒艮	*Dugong dugon*	头	250000
海牛科所有种	Trichechidae spp.	头	150000
	爬行纲 Reptilia		
	鳄目 Crocodylia		
鳄目所有种（除鼍）	Crocodylia spp.	尾	500
	蛇目 Serpentes		
蛇目所有种（仅瘰鳞蛇、水蛇及海蛇）	Serpentes spp.	条	300
	龟鳖目 Testudines		
两爪鳖科所有种	Carettochelyidae spp.	只	500
蛇颈龟科所有种	Chelidae spp.	只	500
海龟科 Cheloniidae			
绿海龟	*Chelonia mydas*	只	15000
玳瑁	*Eretmochelys imbricata*	只	20000
蠵龟	*Caretta caretta*	只	15000
太平洋丽龟	*Lepidochelys olivacea*	只	15000
海龟科其他种		只	10000
棱皮龟科 Dermochelyidae			
棱皮龟	*Dermochelys coriacea*	只	20000
鳄龟科所有种	Chelydridae spp.	只	300
泥龟科所有种	Dermatemydidae spp.	只	500
龟科所有种	Emydidae spp.	只	500

续表

物种名称	学名	单位	基准价值（元）
地龟科 Geoemydidae			
三线闭壳龟	*Cuora trifasciata*	只	10000
云南闭壳龟	*Cuora yunnanensis*	只	30000
百色闭壳龟	*Cuora mccordi*	只	30000
金头闭壳龟	*Cuora aurocapitata*	只	30000
潘氏闭壳龟	*Cuora pani*	只	30000
周氏闭壳龟	*Cuora zhoui*	只	30000
黄额闭壳龟	*Cuora galbinifrons*	只	600
图纹闭壳龟	*Cuora picturata*	只	600
布氏闭壳龟	*Cuora bourreti*	只	600
地龟科其他种		只	500
侧颈龟科所有种	Podocnemididae spp.	只	500
鳖科 Trionychidae			
山瑞鳖	*Palea steindachneri*	只	1000
鼋属所有种	*Pelochelys* spp.	只	150000
斑鳖	*Rafetus swinhoei*	只	200000
鳖科其他种		只	500
	两栖纲 Amphibia		
	有尾目 Caudata		
隐鳃鲵科 Cryptobranchidae			
大鲵	*Andrias davidianus*	只	2500
隐鳃鲵科其他种		只	500
蝾螈科 Salamandridae			
细痣疣螈	*Tylototrirtion asperrimus*	只	400
镇海疣螈	*Tylototritrion chinhaiensis*	只	400
贵州疣螈	*Tylototritrion kweichowensis*	只	400
大凉疣螈	*Tylototritrion taliangensis*	只	500
红瘰疣螈	*Tylototritrion verrucosus*	只	350
有尾目其他种		只	300
	无尾目 Anura		
无尾目所有种	Anura spp.	只	100

续表

物种名称	学名	单位	基准价值（元）
板鳃亚纲 Elasmobranchii 鼠鲨目 Lamniformes			
姥鲨科 Cetorhinidae			
姥鲨	*Cetorhinus maximus*	尾	50000
鼠鲨科 Lamnidae			
噬人鲨	*Carcharodon carcharias*	尾	20000
鲼目 Myliobatiformes			
鲼科所有种	Myliobatidae spp.	尾	200
江魟科所有种	Potamotrygonidae spp.	尾	150
须鲨目 Orectolobiformes			
鲸鲨科 Rhincodontidae			
鲸鲨	*Rhincodon typus*	尾	40000
鲨类其他种		尾	200
锯鳐目 Pristiformes			
锯鳐科所有种	Pristidae spp.	尾	5000
辐鳍亚纲 Actinopteri			
鲟形目 Acipenseriformes			
鲟科 Acipenseridae			
中华鲟	*Acipenser sinensis*	尾	50000
中华鲟（卵）	*Acipensers sinensis*	万粒	20000
达氏鲟	*Acipenser dabryanus*	尾	50000
达氏鲟（卵）	*Acipensers dabryanus*	万粒	20000
匙吻鲟科 Polyodontidae			
白鲟（成体)	*Psephurus gladius*	尾	500000
白鲟（卵）	*Psephurus gladius*	万粒	200000
鲟形目其他种（成体）		尾	5000
鲟形目其他种（卵）		万粒	2000
鳗鲡目 Anguilliformes			
鳗鲡科 Anguillidae			
花鳗鲡	*Anguilla marmorata*	尾	500
鳗鲡科其他种		尾	50

续表

物种名称	学名	单位	基准价值（元）
鲤形目 Cypriniformes			
胭脂鱼科 Catostomidae			
胭脂鱼	*Myxocyprinus asiaticus*	尾	200
胭脂鱼科其他种		尾	150
鲤科 Cyprinidae			
唐鱼	*Tanichthys albonubes*	尾	50
大头鲤	*Cyprinus pellegrini*	尾	100
金线鲃	*Sinocyclocheilus grahami*	尾	100
新疆大头鱼	*Aspiorhynchus laticeps*	尾	500
大理裂腹鱼	*Schizothorax taliensis*	尾	100
鲤科其他种		尾	100
骨舌鱼目 Osteoglossiformes			
巨骨舌鱼科 Arapaimidae			
巨巴西骨舌鱼	*Arapaima gigas*	尾	500
骨舌鱼科 Osteoglossidae			
美丽硬仆骨舌鱼（包括丽纹硬骨舌鱼）	*Scleropages formosus*	尾	500
鲈形目 Perciformes			
隆头鱼科 Labridae			
波纹唇鱼（苏眉）	*Cheilinus undulatus*	尾	5000
杜父鱼科 Cottidae			
松江鲈鱼	*Trachidermus fasciatus*	尾	100
石首鱼科 Sciaenidae			
黄唇鱼	*Bahaba flavolabiata*	尾	16000
加利福尼亚湾石首鱼	*Totoaba macdonaldi*	尾	16000
海龙鱼目 Syngnathiformes			
海龙鱼科 Syngnathidae			
克氏海马	*Hippocampus kelloggi*	尾	200
海马属其他种		尾	30
鲑形目 Salmoniformes			
鲑科 Salmonidae			
川陕哲罗鲑	*Hucho bleekeri*	尾	2000

续表

物种名称	学名	单位	基准价值（元）
秦岭细鳞鲑	*Brachymystax lenok tsinlingensis*	尾	1000
肺鱼亚纲 Dipneusti			
角齿肺鱼目 Ceratodontiformes			
角齿肺鱼科 Ceratodontidae			
澳大利亚肺鱼	*Neoceratodus forsteri*	尾	100
腔棘亚纲 Coelacanthi			
腔棘鱼目 Coelacanthiformes			
矛尾鱼科 Latimeriidae			
矛尾鱼属所有种	Latimeria spp.	尾	100000
文昌鱼纲 Appendicularia			
文昌鱼目 Amphioxiformes			
文昌鱼科 Branchiostomatidae			
文昌鱼	*Branchiostoma belcheri*	尾	10
半索动物门 Hemichordata			
肠鳃纲 Enteropneusta			
柱头虫科 Balanoglossidae			
多鳃孔舌形虫	*Glossobalanus polybranchioporus*	只	100
玉钩虫科 Harrimaniidae			
黄岛长吻虫	*Saccoglossus hwangtauensis*	只	100
棘皮动物门 Echinodermata			
海参纲所有种	Holothuroidea spp.	只	10
环节动物门 Annelida			
蛭纲 Hirudinoidea			
无吻蛭目 Arhynchobdellida			
医蛭科所有种	Hirudinidae spp.	只	10
软体动物门 Mollusca			
腹足纲 Gastropoda			
中腹足目 Mesogastropoda			
宝贝科 Cypraeidae			

续表

物种名称	学名	单位	基准价值（元）
虎斑宝贝	*Cypraea tigris*	只	50
冠螺科 Cassididae			
冠螺	*Cassis cornuta*	只	100
	瓣鳃纲 Lamellibranchia		
	异柱目 Anisomyria		
珍珠贝科 Pteriidae			
大珠母贝	*Pinctada maxima*	只	100
	真瓣鳃目 Eulamellibranchia		
砗磲科 Tridacnidae			
库氏砗磲	*Tridacna cookiana*	只	5000
		千克	60
砗磲科其他种		只	200
蚌科 Unionidae			
佛耳丽蚌	*Lamprotula mansuyi*	只	100
	头足纲 Cephalopoda		
	鹦鹉螺目 Nautilida		
鹦鹉螺科所有种	Nautilidae spp.	只	3000
	刺胞亚门 Cnidaria		
	珊瑚虫纲 Anthozoa		
	柳珊瑚目 Gorgonaceae		
红珊瑚科所有种	Coralliidae spp.	千克	50000
珊瑚类其他种		千克	500

野生动物及其制品价值评估方法

（国家林业局第46号令）

《野生动物及其制品价值评估方法》已经2017年9月29日国家林业局局务会议审议通过，现予公布，自2017年12月15日起施行。

国家林业局局长　张建龙

2017年11月1日

第一条　为了规范野生动物及其制品价值评估标准和方法，根据《中华人民共和国野生动物保护法》第五十七条规定，制定本方法。

第二条　《中华人民共和国野生动物保护法》规定的猎获物价值、野生动物及其制品价值的评估活动，适用本方法。

本方法所称野生动物，是指陆生野生动物的整体（含卵、蛋）；所称野生动物制品，是指陆生野生动物的部分及其衍生物，包括产品。

第三条　国家林业局负责制定、公布并调整《陆生野生动物基准价值标准目录》。

第四条　野生动物整体的价值，按照《陆生野生动物基准价值标准目录》所列该种野生动物的基准价值乘以相应的倍数核算。具体方法是：

（一）国家一级保护野生动物，按照所列野生动物基准价值的十倍核算；国家二级保护野生动物，按照所列野生动物基准价值的五倍核算；

（二）地方重点保护的野生动物和有重要生态、科学、社会价值的野生动物，按照所列野生动物基准价值核算。

两栖类野生动物的卵、蛋的价值，按照该种野生动物整体价值的千分之一核算；爬行类野生动物的卵、蛋的价值，按照该种野生动物整体价值的十分之一核算；鸟类野生动物的卵、蛋的价值，按照该种野生动物整体价值的二分之一核算。

第五条 野生动物制品的价值，由核算其价值的执法机关或者评估机构根据实际情况予以核算，但不能超过该种野生动物的整体价值。但是，省级以上人民政府林业主管部门对野生动物标本和其他特殊野生动物制品的价值核算另有规定的除外。

第六条 野生动物及其制品有实际交易价格的，且实际交易价格高于按照本方法评估的价值的，按照实际交易价格执行。

第七条 人工繁育的野生动物及其制品的价值，按照同种野生动物及其制品价值的百分之五十执行。

人工繁育的列入《人工繁育国家重点保护野生动物名录》的野生动物及其制品的价值，按照同种野生动物及其制品价值的百分之二十五执行。

第八条 《濒危野生动植物种国际贸易公约》附录所列在我国没有自然分布的野生动物，已经国家林业局核准按照国家重点保护野生动物管理的，该野生动物及其制品的价值按照与其同属、同科或者同目的国家重点保护野生动物的价值核算。

《濒危野生动植物种国际贸易公约》附录所列在我国没有自然分布的野生动物、未经国家林业局核准的，以及其他没有列入《濒危野生动植物种国际贸易公约》附录的野生动物及其制品的价值，按照与其同属、同科或者同目的地方重点保护野生动物或者有重要生态、科学、社会价值的野生动物的价值核算。

第九条 本方法施行后，新增加的重点保护野生动物和有重要生态、科学、社会价值的野生动物，尚未列入《陆生野生动物基准价值标准目录》的，其基准价值按照与其同属、同科或者同目的野生动物的基准价值核算。

第十条 本方法自2017年12月15日起施行。

陆生野生动物基准价值标准目录

类群	基准价值（元）	备注
哺乳纲 MAMMALIA		
食虫目 INSECTIVORA		
猬科 所有种 Erinaceidea	200	
鼹科 所有种 Talpidae	100	
鼩鼱科 所有种 Soricinae	100	
攀鼩目 SCANDENTIA		
树鼩科 所有种 Tupaiidae	100	
翼手目 所有种 CHIROPTERA	50	
带甲目 CINGULATA		
犰狳科 所有种 Dasypodidae	1000	
脊尾袋鼠目 DASYUROMORPHIA		
袋鼬科 所有种 Dasyuridae	150	
袋狼科 所有种 Thylacinidae	200	
袋貂目 DIPROTODONTIA		
硕袋鼠科 所有种 Macropodidae	150	
泊托袋鼠科 所有种 Potoroidae	150	
袋熊科 所有种 Vombatidae	200	
灵长目 PRIMATES		
蛛猴科 所有种 Atelidae	300	
鼠狐猴科 所有种 Cheirogaligidae	300	
狐猴科 所有种 Lemuridae	400	
嬉猴科 所有种 Lepilemuridae	400	
大狐猴科 所有种 Indriidae	450	
指猴科 所有种 Daubentoniidae	500	

续表

类群	基准价值（元）	备注
眼镜猴科 所有种 Tarsiidae	500	
狨科 所有种 Callithrichidae	500	
卷尾猴科 所有种 Cebidae	500	
夜猴科 所有种 Aotidae	300	
懒猴科 Lorisidae		
蜂猴属 *Nycticebus*	2000	
其他所有属	1000	
猴科 Cercopithecidae		
猕猴属 *Macaca*	2000	
叶猴属 *Presbytis*	15000	
仰鼻猴属 *Rhinopithecus*	50000	
白臀叶猴属 *Pygathrix*	15000	
其他所有属	2000	
长臂猿科 所有种 Hylobatidae	50000	
人科 Hominidae		
猩猩属 *Pango*	50000	
黑猩猩属 *Pan*	50000	
大猩猩属 *Gorilla*	50000	
长鼻目 PROBOSCIDEA		
象科 Elephantidae		
亚洲象 *Elephas maximus*	200000	
非洲象 *Loxodonta africana*	100000	
鳞甲目 PHOLIDOTA		
穿山甲科 所有种 Manidae	8000	
长毛目 PILOSA		
树懒科 所有种 Bradypodidae	300	
二趾树懒科 所有种 Megalonychidae	300	
食蚁兽科 所有种	500	
食肉目 CARNIVORA		
犬科 Canidae		
豺属 *Cuon*	1500	
其他所有属	800	

续表

类群	基准价值（元）	备注
食蚁狸科 所有种 Eupleridae	1000	
熊科 Ursidae		
懒熊属 *Melursus*	2000	
眼镜熊属 *Tremarctos*	2000	
棕熊属 *Ursus*	8000	
黑熊属 *Selenarctos*	8000	
马来熊属 *Helaratis*	10000	
大熊猫科 Ailuropodidae		
大熊猫 *Ailuropoda melanoleuca*	500000	
小熊猫科 Ailuridae		
小熊猫 *Ailurus fulgens*	8000	
臭鼬科 所有种 Mephitidae	500	
鼬科 所有种 Mustelidae	800	
浣熊科 所有种 Procyonidae	500	
灵猫科 所有种 Viverridae	1200	
獴科 所有种 Herpestidae	1000	
鬣狗科 所有种 Hyaenidae	500	
猫科 Felidae		
豹属 *Panthera*		
虎 *Panthera tigris*	100000	
豹 *Panthera pardus*	50000	
其他所有种	15000	
雪豹属 *Uncia*	50000	
云豹属 *Neofelis*	30000	
猎豹属 *Acinonyx*	10000	
其他所有属	1500	
奇蹄目 PERISSODACTYLA		
犀科 Rhinocerotidae		
白犀 *Ceratotherium simum*	100000	
其他所有种	200000	
貘科 所有种 Tapiridae	5000	
马科 所有种 Equidae	60000	

续表

类群	基准价值（元）	备注
偶蹄目 ARTIODACTLA		
猪科 所有种 Suidae	500	
骆驼科 Camelidae		
骆驼属 *Camelus*	50000	
小羊驼属 *Lama*	5000	
鼷鹿科 所有种 Tragulidae	2000	
麝科 所有种 Moschidae	3000	
鹿科 所有种 Cervidae	3000	
河马科 所有种 Hippopotamidae	3000	
牛科 Bovidae		
野牛属 *Bos*	50000	
山羊属 *Capra*	10000	
鬣羚属 *Capricornis*	10000	
羚羊属 *Gazella*	5000	
原羚属 *Procapra*		
普氏原羚 *Procapra przewalskii*	20000	
其他所有种	5000	
藏羚属 *Pantholops*	50000	
高鼻羚羊属 *Saiga*	20000	
羚牛属 *Budorcas*	50000	
斑羚属 *Naemorhedus*	10000	
塔尔羊属 *Hemitragus*	10000	
岩羊属 *Pseudois*	5000	
盘羊属 *Ovis*	10000	
其他所有属	3000	
啮齿目 RODENTIA		
毛丝鼠科 所有种 Chinchillidae	20	
兔豚鼠科 所有种 Cuniculidae	20	
美洲豪猪科 所有种 Erethizontidae	300	
松鼠科 Sciuridae		
巨松鼠属 *Ratufa*	300	
其他所有属	150	

续表

类群	基准价值（元）	备注
河狸科 所有种 Castoridae	500	
仓鼠科 所有种 Cricetidae	50	
鼠科 所有种 Muridae	50	
刺山鼠科 所有种 Patacanthomyidae	50	
竹鼠科 Rhizomyidae		
小竹鼠属 *Cannomys*	200	
竹鼠属 *Rhizomys*	200	
睡鼠科 所有种 Myoxidae	50	
跳鼠科 所有种 Dipodidae	50	
豪猪科 所有种 Hystricidae	500	
树鼩目 SCANDENTIA		
树鼩科 所有种 Upaiidae	80	
羽尾树鼩科 所有种 Ptilocercidae	80	
兔形目 LAGOMORPHA		
鼠兔科 所有种 Ochotonidae	80	
兔科 所有种 Leporidae	80	
单孔目 MONOTREMATA		
针鼹科 所有种 Tachyglossidae	200	
袋狸目 PERAMELEMORPHIA		
豚足袋狸科 所有种 Chaeropodidae	200	
袋狸科 所有种 Peramelidae	200	
兔袋狸科 所有种 Thylacomyidae	200	
鸟纲 AVES		
潜鸟目 所有种 GAVIIFORMES	200	
䴙䴘目 所有种 PODICIPEDIFORMES	200	
鹱形目 PROCELLARIIFORMES		
信天翁科 所有种 Diomedeidae	300	
鹱科 所有种 Procellariidae	100	
海燕科 所有种 Hydrobatidae	100	
鹈形目 PELECANIFORMES		
鹲科 所有种 Phaethontidae	200	
鹈鹕科 所有种 Pelecanidae	1000	

续表

类群	基准价值（元）	备注
鲣鸟科 所有种 Sulidae	400	
鸬鹚科 所有种 Phalacrocoracida	600	
军舰鸟科 所有种 Fregatidae	200	
鹳形目 CICONIFORMES		
鹭科 所有种 Ardeidae	500	
鹳科 Ciconiidae		
东方白鹳 *Ciconia boyciana*	10000	
黑鹳 *Ciconia nigra*	10000	
其他所有种	2000	
鹮科 Threskiornithidae	10000	
朱鹮 *Nipponia nippon*	100000	
黑脸琵鹭 *Platalea minor*	15000	
其他所有种	5000	
鲸头鹳科 所有种 Balaenicipitidae	5000	
红鹳目 PHOENICOPTERIFORMES		
红鹳科 所有种 Phoenicopteridae	8000	
雁形目 ANSERIFORMES		
鸭科 Anatidae		
中华秋沙鸭 *Mergus squamatus*	10000	
天鹅属 所有种 *Cygnus* spp.	3000	
其他所有种	500	
隼形目 FALCONIFORMES		
鹰科 Accipitridae		
金雕 *Aquila chrysaetos*	8000	
虎头海雕 *Haliaeetus pelagicus*	8000	
白尾海雕 *Haliaeetus albicilla*	8000	
鹰科其他所有种	5000	
鹗科 所有种 Pandionidae	3000	
隼科 Falconidae		
猎隼 *Falco cherrug*	5000	
其他所有种	3000	
美洲鹫科 所有种 Cathartidae	2000	

续表

类群	基准价值（元）	备注
鸡形目 GALLIFORMES		
松鸡科 所有种 Tetraonidae	1000	
雉科 Phasianidae		
绿孔雀 *Pavo muticus*	15000	
雉鸡 *Phasianus coichicus*	300	
其他所有种	1000	
凤冠雉科 所有种 Cracidae	500	
冢雉科 所有种 Megapodiidae	500	
鹤形目 GRUIFORMES		
三趾鹑科 所有种 Turnicidae	500	
鹤科 所有种 Gruidae	10000	
秧鸡科 所有种 Rallidae	300	
鸨科 所有种 Otididae	10000	
鹭鹤科 所有种 Rhynochetidae	500	
鸻形目 CHARDRIFORME		
雉鸻科 所有种 Jacanidae	500	
彩鹬科 所有种 Rostratulidae	500	
蛎鹬科 所有种 Haematopodidae	500	
鸻科 所有种 Charadriidae	300	
鹬科 所有种 Scolopacidae	300	
反嘴鹬科 所有种 Recurvirostridae	300	
鹮嘴鹬科 所有种 Ibidorhynchidae	300	
瓣蹼鹬科 所有种 Phalaropodidae	300	
石鸻科 所有种 Burhinidae	300	
燕鸻科 所有种 Glareolidae	300	
鸥形目 LARIFORMES		
贼鸥科 所有种 Stercorariidae	300	
鸥科 Laridae		
遗鸥 *Larus relictus*	5000	
黑嘴鸥 *Larus saundersi*	2000	
其他所有种	300	
燕鸥科 所有种 Sternidae	300	

续表

类群	基准价值（元）	备注
剪嘴鸥科 所有种 Rynchopidae	300	
海雀科 所有种 Alcidae	300	
鸽形目 COLUMBIFORMES		
鸠鸽科 所有种 Columbidae	300	
沙鸡目 PTEROCLIFORMES		
沙鸡科 Pteroclididae	300	
鹦形目 PSITACIFORMES		
鹦鹉科 Psittacidae	2000	
凤头鹦鹉科 Cacatuidae	2000	
吸蜜鹦鹉科 Loriidae	500	
鹃形目 CUCULIFORMES		
杜鹃科 Cuculidae	500	
蕉鹃科 Musophagidae	300	
鸮形目 STRIGIFORMES		
草鸮科 Tytonidae	3000	
鸱鸮科 Strigidae	3000	
夜鹰目 CAPRIMULGIFORMES		
蟆口鸱科 Podargidae	1000	
夜鹰科 Caprimulgidae	1000	
雨燕目 所有种 APODIFORMES	300	
共鸟形目 所有种 TINAMIFORMES	300	
咬鹃目 所有种 TROGONIFORMES	300	
佛法僧目 所有种 CORACIIFORMES	500	
戴胜目 所有种 UPUPIFORMES	300	
犀鸟目 所有种 BUCEROTIFORMES	50000	
鴷形目 所有种 PICIFORMES	1000	
雀形目 PASSERIFORMES		
阔嘴鸟科 所有种 Eurylaimidae	500	
八色鸫科 所有种 Pittidae	500	
百灵科 Alaudidae		
蒙古百灵 *Melanocorypha mongolica*	1000	
其他所有种	300	

续表

类群	基准价值（元）	备注
椋鸟科 Sturnidae		
鹩哥 *Gracula religiosa*	1000	
其他所有种	300	
鹟科 Muscicapidae		
画眉 *Garrulax canorus*	1000	
红嘴相思鸟 *Leiothrix lutea*	1000	
其他所有种	300	
美洲鸵目　所有种 RHEIFORMES	1500	
企鹅目　所有种 SPHENISCIFORMES	3000	
鸵形目　所有种 TRUTHIONIFORMES	1500	
爬行纲 REPTILIA		
鳄形目 CROCODYLIA		
扬子鳄 *Alligator sinensis*	10000	
其他所有种	500	
龟鳖目 TESTUDINES		
平胸龟科　所有种 Platysternidae	500	
陆龟科 Testudinidae		
四爪陆龟 *Testudo horsfieldii*	8000	
凹甲陆龟 *Manouria impress*	1000	
其他所有种	500	
龟科　所有种 Emydidae	500	水生野生动物除外
蜥蜴目 SAURIA		
壁虎科 Gekkonidae		
大壁虎 *Gekko gecko*	1000	
其他所有种	500	
鳄蜥科　所有种 Shinisauridae	10000	
巨蜥科 Varanidae		
巨蜥 *Varanus salvator*	1000	
其他所有种	500	
避役科　所有种 Chamaeleonidae	300	
其他所有种	300	
蛇目 SERPENTES		

续表

类群	基准价值（元）	备注
蟒科 Pythonidae		
蟒 *Python molurus*	3000	
其他所有种	1000	
蚺科 所有种 Boidae	1000	
蝰科 Viperidae		
莽山烙铁头 *Ermia mangshanensis*	3000	
其他所有种	300	
眼镜蛇科 所有种 Elapidae	1000	海蛇除外
其他所有种	300	水蛇、瘰鳞蛇除外
两栖纲 AMPHIBIA		
蚓螈目 GYMNOPHIONA		
版纳鱼螈 *Ichthyophis bannanica*	500	
有尾目 URODELA		
小鲵科 Hynobiidae		
安吉小鲵 *Hynobius amjiensis*	2500	
蝾螈科 Salamandridae		
海南疣螈 *Tylototriton hainanensis*	300	
无尾目 所有种 ANURA	100	海蛙、棘腹蛙、棘胸蛙、威宁趾沟蛙、叶氏隆肛蛙除外
昆虫纲 INSECTA		
襀翅目 PLECOPTERA		
襀科 Perlidae	20	
扁襀科 Peltoperlidae	20	
螳螂目 MANTODEA		
怪螳科 Amorphoscelidae	20	
竹节虫目 PHASMATODEA		
竹节虫科 Phasmatidae	20	
叶虫脩科 Phyllidae	20	
杆虫脩科 Bacillidae	20	
异虫脩科 Heteronemiidae	20	
啮虫目 PSOCOPTERA		
围啮科 Peripsocidae	20	

续表

类群	基准价值（元）	备注
啮科 Psocidae	20	
缨翅目 THYSANOPTERA		
纹蓟马科 Aeolothripidae	20	
同翅目 HOMOPTERA		
蛾蜡蝉科 Flatidae	20	
蜡蝉科 Fulgoridae	20	
颜蜡蝉科 Eurybrachidae	20	
蝉科 Cicadidae	20	
犁胸蝉科 Aetalionidae	20	
角蝉科 Membracidae	20	
棘蝉科 Machaerotidae	20	
毛管蚜科 Greenideidae	20	
扁蚜科 Hormaphididae	20	
半翅目 HEMIPTERA		
负子蝽科 Belostomatidae	20	
盾蝽科 Scutelleridae	20	
猎蝽科 Reduviidae	20	
广翅目 MEGALOPTERA		
齿蛉科 Corydalidae	20	
蛇蛉目 RAPHIDIOPTERA		
盲蛇蛉科 Inocelliidae	20	
脉翅目 NEUROPTERA		
旌蛉科 Nemopteridae	20	
鞘翅目 COLEOPTERA		
虎甲科 Cicindelidae	50	
步甲科 Carabidae	200	
两栖甲科 Amphizoidae	20	
叩甲科 Elateridae	20	
吉丁虫科 Buprestidae	20	
瓢虫科 Coccinellidae	20	
拟步甲科 Tenebrionidae	50	
臂金龟科 Euchiridae	200	

续表

类群	基准价值（元）	备注
犀金龟科 Dynastidae	200	
鳃金龟科 Melolonthidae	20	
花金龟科 Cetoniidae	20	
锹甲科 Lucanidae	20	
天牛科 Cerambycidae	20	
叶甲科 Chrysomelidae	20	
锥象科 Brentidae	20	
捻翅目 STREPSIPTERA		
栉虫扇科 Halictophagidae	20	
长翅目 MECOPTERA		
蝎蛉科 Parnorpidae	20	
毛翅目 TRICHOPTERA		
石蛾科 Phryganeidae	20	
鳞翅目 LEPIDOPTERA		
蛉蛾科 Neopseustidae	20	
燕蛾科 Uraniidae	20	
灯蛾科 Arctiidae	20	
桦蛾科 Endromidae	20	
大蚕蛾科 Saturniidae	20	
萝纹蛾科 Brahmaeidae	20	
凤蝶科 Papilionidae		
金斑喙凤蝶 *Teinopalpus aureus*	1000	
其他所有种	200	
粉蝶科 Pieridae	200	
蛱蝶科 Nymphalidae	200	
绢蝶科 Parnassidae	200	
眼蝶科 Satyridae	200	
环蝶科 Amathusiidae	200	
灰蝶科 Lycaenidae	200	
弄蝶科 Hesperiidae	200	
双翅目 DIPTERA		
食虫虻科 Asilidae	20	

续表

类群	基准价值（元）	备注
突眼蝇科 Diopsidae	20	
甲蝇科 Celyphidae	20	
膜翅目 HYMENOPTERA		
叶蜂科 Tenthredinidae	20	
姬蜂科 Ichneumonidae	20	
茧蜂科 Braconidae	20	
金小蜂科 Pteromalidae	20	
离颚细蜂科 Vanhornidae	20	
虫系蜂科 Sclerogibbidae	20	
泥蜂科 Sphecidae	20	
蚁科 Formicidae	20	
蜜蜂科 Apidae	20	

参考文献

SMITH A T, 解焱, 2009. 中国兽类野外手册. 长沙: 湖南教育出版社.

陈凤学, 孟宪林, 2016. 常见贸易濒危物种识别指南. 北京: 科学出版社.

费梁, 2000. 中国两栖动物图鉴. 郑州: 河南科学技术出版社.

费梁, 孟宪林, 2005. 常见蛙蛇类识别手册. 北京: 中国林业出版社.

黄松, 2021. 中国蛇类图鉴. 福州: 海峡书局.

季达明, 温世生, 2002. 中国爬行动物图鉴. 郑州: 河南科学技术出版社.

鲁长虎, 费荣梅, 2003. 鸟类分类与识别. 哈尔滨: 东北林业大学出版社.

潘清华, 王应祥, 岩崑, 2007. 中国哺乳动物彩色图鉴. 北京: 中国林业出版社.

盛和林, 赵中盛, 孙永平, 2005. 中国哺乳动物图鉴. 郑州: 河南科学技术出版社.

史海涛, 2011. 中国贸易龟类检索图鉴: 修订版. 北京: 中国大百科全书出版社.

松阪实, 2002. 世界两栖爬行动物原色图鉴. 公凯赛, 岳春, 译. 北京: 中国农业出版社.

阳建春, 胡诗佳, 2016. 常见非法贸易野生动物及制品鉴别图谱. 广州: 广东科技出版社.

约翰 · 马敬能, 2022. 李一凡译. 中国鸟类野外手册. 北京: 商务印书馆.

长坂拓也, 2002. 林奇生译. 爬行类、两栖类800种图鉴. 2版. 台北: 展新文化事业股份有限公司.

周婷, 周峰婷, 2020. 世界陆龟图鉴. 北京: 中国农业出版社.

周用武, 韩焕金, 刘昌景, 2017. 不能作为宠物饲养的常见珍贵濒危动物图鉴. 北京: 知识产权出版社.

朱丽叶 · 克鲁顿-布罗克, 2005. 王德华译. 哺乳动物. 北京: 中国友谊出版公司.

JOSEPH M F, 2002. Parrots of the world. Pinceton: Pinceton university press.

中文名索引

学名索引